XIANGCUN DIANQIHUA
JISHU YINGYONG
YU DIANXING ANLI

乡村电气化
技术应用与典型案例

《乡村电气化技术应用与典型案例》编委会　编

中国电力出版社
CHINA ELECTRIC POWER PRESS

内 容 提 要

本书以浅显易懂的语言、图文并茂的形式，紧紧围绕电气化技术的发展，介绍了乡村电气化先进技术及其典型应用场景，书中将基础概念与电能替代案例相结合，分析了乡村电气化先进技术及典型应用场景，旨在为一线供电服务人员提供解决方案，为推广乡村电气化提供有益参考和实践指导。

本书包括技术篇和案例篇。技术篇介绍了分散式电采暖等 9 个领域的乡村电气化技术，包括其工作原理、构成、特点、应用范围等；案例篇列举了 13 个乡村电气化实施典型案例。

本书可供电力公司、综合能源服务公司从事乡村电能替代的技术人员、管理人员阅读，也可供能源行业从业人员及相关专业人员参考。

图书在版编目（CIP）数据

乡村电气化技术应用与典型案例 /《乡村电气化技术应用与典型案例》编委会编．—北京：中国电力出版社，2022.12
ISBN 978-7-5198-7163-5

Ⅰ．①乡… Ⅱ．①乡… Ⅲ．①农业电气化－案例 Ⅳ．① S24

中国版本图书馆 CIP 数据核字（2022）第 198275 号

出版发行：中国电力出版社
地　　址：北京市东城区北京站西街 19 号（邮政编码 100005）
网　　址：https://www.cepp.sgcc.com.cn
责任编辑：杨　扬（010-63412524）　孟花林
责任校对：黄　蓓　朱丽芳
装帧设计：赵姗姗
责任印制：杨晓东

印　　刷：北京九天鸿程印刷有限责任公司
版　　次：2022 年 12 月第一版
印　　次：2022 年 12 月北京第一次印刷
开　　本：787 毫米 ×1092 毫米　16 开本
印　　张：7.5
字　　数：136 千字
定　　价：58.00 元

版 权 专 有　侵 权 必 究

本书如有印装质量问题，我社营销中心负责退换

《乡村电气化技术应用与典型案例》

编委会

主　任：罗汉武

副主任：陈玉胜

委　员：李淑锋　樊　新　胡　浩　王方胜　李树匡　王治国
　　　　韩雪松　王　倩　刘　波　陈国伟

编写组

主　编：郑　涛　李文杰　周　超

副主编：李吉平　王巳腾　石　研　张禄晞　杨辰玥
　　　　邢　磊　赵树野

编写人员：张　一　崔梦元　张　斌　李海龙　薛　宽　宁　波
　　　　　张　亮　王雅晶　刘春晖　徐子良　孙振江　孙博文
　　　　　王学斌

前言

当前，绿色低碳、节能环保已成为全球能源发展趋势。电能具有清洁、高效、安全、便捷等优势，实施电能替代对推动能源消费革命、促进能源清洁化发展具有重要意义。

近年来，我国在城市化进程中实施工业、建筑、交通等领域的高度电气化，电能占比在终端用能结构中持续提升。相较于电能替代逐渐趋向饱和的城市区域及易替代领域，乡村电气化发展水平明显较低，城乡发展不平衡矛盾突出。

乡村电气化工程的实施，关系地方农业农村现代化发展，体现了国家电网有限公司服务大局、助力乡村振兴的责任担当，具有重大的现实意义。2018年1月2日，中共中央、国务院发布的《中共中央　国务院关于实施乡村振兴战略的意见》中指出，要夯实农业生产能力基础，提升农业发展质量，培育乡村发展新动能，推进乡村绿色发展，打造人与自然和谐共生发展新格局。2019年1月3日，中共中央、国务院发布的《中共中央　国务院关于坚持农业农村优先发展做好"三农"工作的若干意见》指出，全面实施乡村电气化提升工程，加快完成新一轮农村电网改造，并要求推进田水林路电综合配套，夯实农业基础，保障重要农产品有效供给，推动生物种业、重型农机、智慧农业、绿色投入品等领域自主创新。2021年1月4日，中共中央、国务院发布的《中共中央　国务院关于全面推进乡村振兴加快农业农村现代化的意见》指出，要加快推进农业现代化，推进农业绿色发展，大力实施乡村建设行动。实现乡村电气化是提高我国乡村居民整体生活水平的重要举措，对此，国家电网有限公司颁布了一系列用能电气化、振兴乡村及乡村电气化政策。

当前，我国北方地区乡村电气化建设进展相对缓慢，相关惠民政策、补贴政策等激励措施不足，开展乡村用能电气化技术、典型案例的研究，吸收成功案例和先进经验，可有效促进地方政府出台相关支持政策。通过为广大用户普及电气化知识，也可提升广大农牧民的认知水平，促进乡村电气化的应用和推广。

乡村电力市场潜力巨大，特别是在清洁取暖、农业排灌、农业产品加工与存储、电动出行等方面均有广阔的发展空间，开展乡村电气化建设将有效带动电力市场空间的拓展。

本书分为技术篇和案例篇两大部分。技术篇以介绍乡村电气化技术为重点，对分散式电采暖、直热式电锅炉、蓄热式电锅炉、热泵、农业生产电气化、农产品加工仓储、家庭电气化、电蓄冷空调、电动汽车充电桩及换电站9个领域的用能技术、工作原理、系统构成等内容进行阐述；案例篇主要介绍了乡村电气化实施典型案例，包括技术方案比较、项目效益、推广建议等内容。书后的附录则罗列了国内外的相关政策性文件及通知。

本书通过浅显易懂的语言、丰富生动的案例，为一线供电服务人员提供指导，是一本开展乡村电气化推广的工具书，具有一定的理论参考价值及实践指导价值。

由于编者水平有限，书中难免有不足之处，望广大读者批评指正。

目录

前言

技术篇

1 分散式电采暖技术 ································ 2
   1.1 碳晶地暖系统 ································ 2
   1.2 发热电缆供暖 ································ 4
   1.3 电热膜供暖 ································ 7
   1.4 电取暖器 ································ 8

2 直热式电锅炉 ································ 12
   2.1 概述 ································ 12
   2.2 工作原理 ································ 12
   2.3 构成 ································ 13
   2.4 特点 ································ 14
   2.5 应用范围 ································ 15

3 蓄热式电锅炉 ································ 16
   3.1 概述 ································ 16
   3.2 工作原理 ································ 16
   3.3 构成 ································ 17
   3.4 特点 ································ 19
   3.5 应用范围 ································ 19

4 热泵 ... 20
4.1 概述 ... 20
4.2 工作原理 ... 20
4.3 构成 ... 22
4.4 特点 ... 23
4.5 应用范围 ... 24

5 农业生产电气化 ... 25
5.1 农业电排灌 ... 25
5.2 电烤烟 ... 28
5.3 自动化养殖 ... 30
5.4 智能温室大棚 ... 32

6 农产品加工仓储 ... 35
6.1 电烘干 ... 35
6.2 电制冷 ... 37

7 家庭电气化 ... 39
7.1 电厨炊设备 ... 39
7.2 电冰箱 ... 41
7.3 吸油烟机 ... 42
7.4 净水器 ... 43
7.5 电热水器 ... 45
7.6 智能家居系统 ... 48

8 电蓄冷空调 ... 50
8.1 概述 ... 50

  8.2 工作原理 ································· 50
  8.3 构成 ····································· 51
  8.4 特点 ····································· 52
  8.5 应用范围 ································· 52

9 电动汽车充电桩及换电站 ························· 53
  9.1 概述 ····································· 53
  9.2 工作原理 ································· 53
  9.3 构成 ····································· 53
  9.4 特点 ····································· 55
  9.5 应用范围 ································· 56

案例篇

10 典型案例分析 ································· 58
  案例一 农业智能大棚 ······················· 58
  案例二 农业大棚电保温技术应用 ··············· 61
  案例三 蔬菜大棚电水暖保温及电动卷帘机组合技术应用 ··· 64
  案例四 中药种植智能微灌技术应用 ··············· 68
  案例五 奶牛自动化养殖技术应用 ················· 71
  案例六 水产养殖电动增氧及自动喂食技术应用 ······· 75
  案例七 集中新装小区全电化 ····················· 79
  案例八 全电化民宿 ························· 84
  案例九 热水小镇"电采暖"技术应用 ··············· 89
  案例十 电厨炊改造 ························· 92
  案例十一 粮食烘干技术应用 ··················· 95

案例十二　空气源热泵电烤房应用 …………………………… 99

　　案例十三　电蓄冷冷库技术应用 ………………………………… 103

附录 A　国内外相关政策文件 …………………………………… 106

技术篇

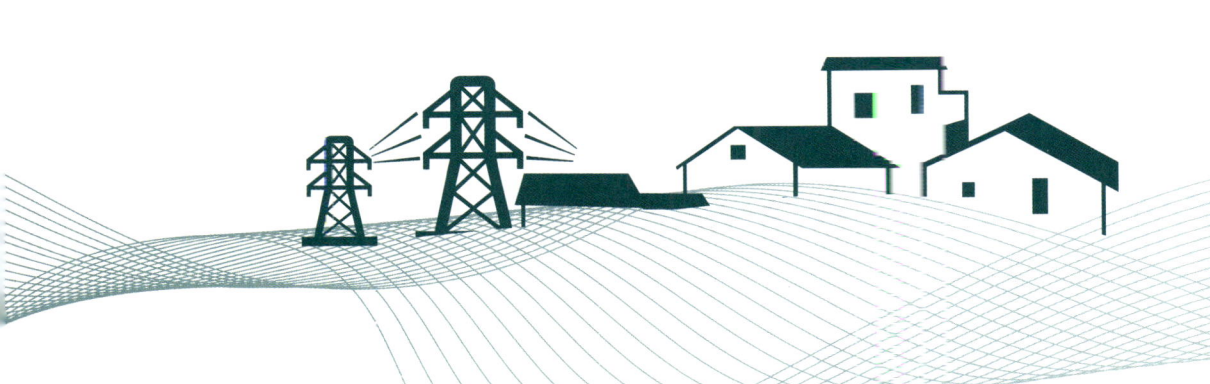

1 分散式电采暖技术

1.1 碳晶地暖系统

1.1.1 概述

碳素晶体地面低温辐射采暖系统简称碳晶地暖系统，是以碳素晶体发热板为主要制热部件的一种新型地面低温辐射采暖系统。该系统充分利用了碳晶板优异的平面制热特性，采暖时整个地（平）面同步升温，热平衡效果好，克服了传统地暖产品制热不连续、热平衡效果差等弊端。

1.1.2 工作原理

碳晶板在交变电场作用下，碳质子、碳中子、碳原子做布朗运动并产生剧烈摩擦和碰撞从而释放热量，使碳晶板温度升高，并不断通过紧贴碳晶板的地面材料将热量均匀传递到地板或地砖表面。此过程中，碳晶板将全部电能转换成超过60%的传导热能和超过30%的红外辐射热能，双重制热使被加热物体升温更快、吸收的热能更充足。碳晶板工作原理如图1-1所示。

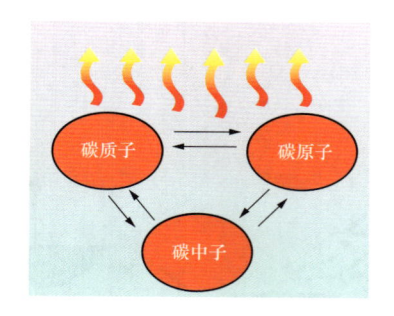

图1-1 碳晶板工作原理

1. 热传导制热

利用"热空气轻、冷空气重"这一原理，实现冷热空气交替循环，最终通过空气的上下垂直对流作用促进室内升温。

2. 热辐射制热

在电场的作用下，会产生垂直于地面，波长为8~15μm的远红外线，远红外线被周围物体吸收后可转化为热能，从而使周围环境温度升高。实践证明，人体舒适感相同的情况下，远红外线比空气对流采暖所需的环境温度约低2℃。因此，碳晶地暖系统采暖能耗相对较低，且通过碳晶地暖系统采暖的室内，人的感觉更加舒适。碳晶地暖系统施工如图1-2所示。

图 1-2 碳晶地暖系统施工

1.1.3 构成

碳晶地暖系统由发热系统、保温系统、控温系统、电路系统四大子系统构成。

1. 发热系统

核心部件为碳素晶体发热板。发热系统产出热量并通过热传导、热辐射方式制热。

2. 保温系统

主要材料为聚苯乙烯保温板。保温系统可有效阻止热量向地平方向散失，从而使热量定向传递至周围环境。

3. 控温系统

主要部件为电采暖温控器。通过温控器采集室内环境温度，进而调节碳晶板发热量。若采暖温度区间设置合理，可大幅提高系统工作效率，并可进一步降低能耗。

4. 电路系统

由电源线、电工管、感温探头等安装辅材组成。通过电路将电流、电压传递至主要器件，从而将电能转化为热能。

1.1.4 特点

1. 耐用可靠

碳晶地暖所有地下埋入部件均可保证50年以上的使用寿命，可连续工作10万h以上。每块碳晶板采用并联连接方式，单独构成回路，地下无分无接头，具有良好的绝缘、防水、阻燃性，可大幅降低安全隐患，局部出现故障也不会影响整体采暖效果。

2. 制热效率高

碳晶板的电-热转换效率极高，经检测中心检测，其热转换率可达99%以上。

3.升温速度快

碳晶板直接向室内辐射热量,升温速度比传统的水暖和发热电缆快5倍以上,是升温速度最快的地暖系统之一。碳晶地暖具有优异的平面制热特性,能够最大限度地对整个地面同时、同步进行加热,通电30min即可取得较好的采暖效果。

4.施工简单

碳晶地暖最低可满足用户1m^2的采暖要求。当大范围铺设时,施工较为方便,以100m^2地暖施工为例,一组工人(2人)一天即可完成安装、铺设。

1.1.5 应用范围

碳晶地暖不仅广泛应用于别墅、商品房、经济适用房、农村自建房等民用住宅,还可应用于学校、医院、商超等公共建筑,以及农村城镇化建设等领域。

在学校、医院、商场超市、厂房、办公楼、写字楼、汗蒸房、瑜伽房、健身房等公共营运场所,与传统的供暖方式相比,碳晶地暖技术可有效节省非运营时间的供暖支出。

在民用住宅,如商品房、别墅、经济适用房、廉租房、农村自建房等领域,碳晶地暖技术可有效避免能源浪费,同时又可减少燃煤、燃气等造成的二氧化碳、粉尘污染。

在新农村建设方面,蔬菜大棚、产房保温、育苗养殖、雏鸡孵化、土壤保温、沼气升温、电热炕、花卉培育、农业育苗、养鱼等都可以采用碳晶地暖技术取暖,极大地满足了清洁采暖的需求。

1.2 发热电缆供暖

1.2.1 概述

发热电缆通常可分为单导发热电缆和双导发热电缆,其以电为能源,利用合金电阻丝或者碳纤维发热体进行通电发热,以达到采暖或保温效果。

1.2.2 工作原理

发热电缆内芯由冷线、热线、接地线组成,外部由绝缘层、屏蔽层和外护套组成。发热电缆通电后,热线发热,并维持为40~60℃运行,在此过程中发热电缆通过热传导、热辐射的方式向周围环境放热。

首先发热电缆通电后发热,通过热传导加热包围在周围的水泥层,然后将热量传递至地板或瓷砖,最后通过对流方式向周围环境释放热量。发热电缆供电过程如下:供电线路→变压器→低压配电装置→分户电能表→温控器→发热电缆→通过地板向室内辐射热量。

1.2.3 构成

发热电缆由金属发热元件、绝缘材料、接地导线、金属屏蔽套、防护套五部分组成。金属发热元件为其核心部件，当发热电缆通电后，金属发热元件把电能转化为热能，并将热能以辐射、对流等方式传递出去，其中对流传热为主要传热方式，占总传热量的33%～51%（国家红外线及工业电热产品质量监督检验中心检测）。

当敷设发热电缆时，通常会同步安装温度感应器（温控探头）和温度控制器。为施工方便，厂家通常把发热电缆提前装配在玻璃纤维网上（合称网垫式发热电缆，或称加热席垫），之后进行整体敷设。发热电缆安装施工如图1-3所示。

温控器是实现供暖恒温化、智能控制化的主要控制装置。温控器连接在工作区的温控探头上，可以实现高低温控制和保护功能，可以实现分时段的采暖方案逻辑控制功能。

图 1-3 发热电缆安装施工

（a）整体布局；（b）局部

1.2.4 特点

发热电缆供暖有以下特点：低温辐射为主要能量传递方式，制热均匀、舒适、不干燥，安全性能优良；节省建筑空间资源，无建筑装修要求；使用过程中控制灵活，通常和温控器一起配套使用，可实现分户分室控制。发热电缆安装时受房间装修的限制，适用于未装修的建筑。

1. 环保、高效

采用发热电缆清洁供暖，热效率高达99%以上，总体耗电量低，无污染物排放物，节能环保。与燃煤锅炉供暖相比，以我国北方地区为例，每100万 m^2 的供暖面积，一个采暖期可减排烟尘607t，减排 CO_2 及 NO_x 1208t，减排固体污染物8500t。

2. 节能、可控性强、操作方便

发热电缆低温辐射供暖系统在发热稳定性及编程控温等方面具有一定优势，且有利于节能、环保。经实践证明，在供暖系统中采用控温和分户计量措施，与传统燃煤锅炉供暖相比，可降低耗能20%~30%，在公共建筑中节能效果更加明显。

3. 节约土地使用面积

发热电缆避免了管道、管沟、散热器片等建设和投资，与传统燃煤锅炉相比，节省了锅炉房、暖气管道等，增加建筑实用面积3%~5%。

4. 使用寿命长

发热电缆寿命约为60年，寿命长、维护成本低，系统寿命接近建筑物本体寿命，无需大面积更换。

5. 利于电网发展

有利于对城市火电系统"填谷"，在以火电为主的供电系统中，调峰问题可利用抽水蓄能解决，调谷则可采用发热电缆系统，利用地面本身厚达10cm左右的混凝土填充层作为蓄热层，进行低谷蓄热。

6. 安装简单，运行费用较低

由于发热电缆供暖系统不需基础设施，所以安装所需设备器材简单，施工方便。在具有保温措施的建筑中，其用电成本较低。

1.2.5 应用范围

1. 公共建筑

据统计，公共建筑面积约占城市总建筑面积的30%，在每天使用8h的办公场所及利用率较低的环境中，采用发热电缆间歇性供暖，节能效果显著。

2. 居民建筑

发热电缆采暖效果好，安全、可控，同时无需诸如管道、管沟等前期投资建设，适合未接入集中供热的居民建筑。

3. 道路融雪

坡道下面埋设发热电缆，用来融雪和化冰，可有效降低冬季路面事故发生率。我国在黑龙江省哈尔滨市的文昌立交桥匝道布设了发热电缆，并取得了良好效果。

4. 土壤加热

在温室大棚采用发热电缆加热土壤效果良好，可有效提高地温，促进植物根系生长和发育。同时还可应用于绿茵球场等场景，加热土壤以确保草皮常青。

5. 管道保温

用发热电缆为输油、输水管道保温，可防止油、水在输送中凝结，传输受阻。

1.3 电热膜供暖

1.3.1 概述

电热膜供暖系统采用一种通电后能发热的半透明聚酯薄膜。工作时以电热膜为发热体,将热量以辐射的形式送入空间,使人体和物体首先得到温暖,其综合效果优于传统的对流供暖方式,可使室内空气均匀升温,热效率达98%以上。具有耐高压、耐潮湿、承受温度范围广、高韧度、低收缩率、运行安全、使用情运等优良性能。电热膜的外形与结构如图1-4所示。

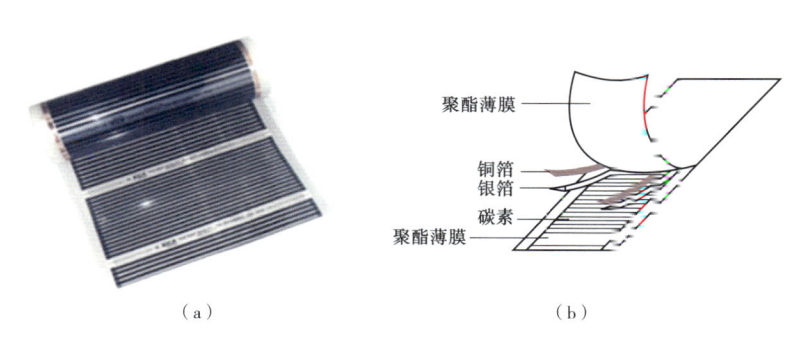

图1-4 电热膜的外形与结构

(a)外形;(b)结构

1.3.2 工作原理

电热膜在电场的作用下,碳分子团产生布朗运动,碳分子之间发生剧烈的摩擦和撞击,产生热能并以远红外辐射和对流的形式对外传递,电能与热能的转换率高达98%及以上。碳分子的作用是使电热膜采暖系统表面迅速升温。电能转换成超过60%的远红外辐射能和30%的对流热能。

1.3.3 构成

电热膜由可导电的特制油墨、金属载流条经加工、热压在绝缘聚酯薄膜间制成。发热体为特制油墨,银箔和导电的金属汇流条作为导电引线,在聚对苯二甲酸乙二酯(PET)聚酯薄膜上印刷碳素发热体和对应面积耗电量的阻丝,最终达到加热升温的目的。

1.3.4 特点

1. 方便经济,节约能源

电热膜地暖结构纤薄,是在复合木地板下唯一不需要加回填的地暖,可减少施工量,降低使用成本,热转换率高,节能环保。电热膜安装电二如图1-5所示。

2. 节省空间，免维护，免维修

低温辐射电热膜供暖系统因为取消了暖气片和管路，不占用室内空间，且整个系统使用寿命长、免维护、免维修。

图 1-5 电热膜安装施工

3. 温度舒适

由于低温辐射电热膜供暖系统采用辐射方式供暖，体感舒适，没有传统供暖系统所产生的干燥、闷热的感觉。

4. 低温运行，安全可靠

系统工作时，电热膜表面保持低温运行，最高温度不超过60℃，不会发生烫伤。整个系统全部采用并联方式连接，运行稳定，可靠性高。

5. 可分户计费

低温辐射电热膜供暖系统可适应多种用户的需求，可分户、分单元或分楼层进行计量，并可分户控温。

1.3.5 应用范围

低温辐射电热膜供暖系统可用于各种类型的建筑物中，作为一种优良的供暖系统，其不仅适用于北方，更适用于冬季无取暖设施的南方大部分地区。当前广泛应用于别墅、商品房、经济适用房、农村自建房等民用住宅，以及学校、医院、商场超市等公共建筑。低温辐射电热膜供暖系统适用于未装修的建筑，对于已有建筑改造，成本较高。

1.4 电取暖器

1.4.1 概述

电取暖器是以电力为能源进行加热供暖的取暖设备，也可称为电采暖器，根据发热材料的不同，电取暖器可以细分为电热毯、石英管、暖风机、空调等。

1.4.2 工作原理

根据供热形式的不同，电取暖器可分为蓄热式和非蓄热式两大类。

1. 蓄热式

蓄热式取暖器是利用电网低谷时段的低价电能，在6~8h内完成电、热能量转换并以热能形式进行储存；在电网高峰及平时段，以辐射、对流的方式将储存的热量释放出来，实现全天室内供暖，降低用电成本。

蓄热式取暖器通过耐高温的发热元件通电发热，来加热特制的蓄热材料——高比热容、高密度的磁性蓄热砖，再用耐高温、低导热的保温材料把热量储存起来。当需要采暖时，可按照采暖人的意愿调节释放速度，将储存的热量逐步释放出来。

2. 非蓄热式

非蓄热式取暖器通过耐高温的发热元件通电发热，产生的热量通过对流、辐射等方式向外传热。各取热器传热方式有：①电热毯：直接接触传导；②石英管电暖器：热辐射；③暖风机：空气对流；④空调：空气对流。

当前，市场上的电取暖器品种繁多，按基本发热原理可分为电热丝发热体、石英管发热体、卤素管发热体、导热油发热体和碳素纤维发热体。由于电取暖器的制造技术已经成熟，且为满足消费者实际使用需求，外形设计各异。

（1）**电热丝发热体**。以电热丝发热体为发热材料，由电热丝缠绕在陶瓷绝缘座上发热，利用反射面将热量扩散到房间，发热功率为800~1000W。这类取暖器可以自动旋转角度，适合在8m²以下的小房间使用，缺点是供热范围小，停机后温度下降快，长期使用电热丝容易发生断裂，造成安全隐患。

（2）**石英管发热体**。主要由密封式电热元件、抛物面或圆弧面反射板、防护条、功率调节开关等组成。以石英辐射管为电热材料，由电热丝及石英玻璃管组成，利用远红外线辐射技术，使发出的远红外线被周围环境吸收，从而达到采暖目的。取暖器通常加装2~4支石英管，利用功率开关使其部分或全部石英管投入工作。石英管取暖器的特点是升温快，便于调节，但供热范围小，易产生明火，且消耗氧气，近几年使用率已明显下降。

（3）**卤素管发热体**。卤素管是一种密封式的发光发热管，内充卤族元素惰性气体，中间装有钨丝。卤素管具有热效率高、加热不氧化、使用寿命长等优点。卤素管取暖器是靠辐射散热，一般采用2~3根卤素管作为发热源，消耗功率为900~1200W，较适用于面积约为12m²的房间。

（4）**导热油发热体**。导热油发热体又称充油取暖器，它主要由密封式电热元件、金属散热管或散热片、控温元件等组成。这种取暖器的腔体内充有YD型系列新型导热油，其结构是将电热管安装在带有许多散热片的腔体下面，在腔体内电热管周围注有导热油。当接通电源后，电热管周围的导热油被加热，升到腔体上部，沿散热管或散热片对流循环，通过腔体壁表面将热量辐射出去，从而加热空间环境，达到取暖的目的，之后被空气冷却的导热油下降到电热管周围又被加热，开始新的循环。

充油取暖器一般都装有双金属温控元件，当油温达到调定温度时，温控元件自行断开电源。此类取暖器具有安全、卫生、无烟、无尘、无味的特点，适用于人易触及的场所，如客厅、卧室、过道等处，更适合有老人和孩子的家庭使用。产品密封性和绝缘性均较好，且不易损坏，使用寿命在5年以上。缺点是热惯性大，升温缓慢，焊点过多，长期使用有可能出现焊点漏油的质量问题。

（5）碳素纤维发热体。碳素纤维发热体是指采用碳素纤维为发热基本材料制成的管状发热体，利用反射面散热。可分为立式直筒形和长方形落地式两种。直筒形一般采用单管发热，机身可自动旋转，为整个房间供暖。打开电源后升温速度非常快，在1~2s时机体已经感到烫手，5s表面温度可达300~700℃，功率600~1200W可调节；长方形落地式采用双管发热，可以落地或壁挂使用，功率相对较大，为1800~2000W。除供暖功能外，该类取暖器还能起到保健理疗的功效。

1.4.3　构成

一般电热取暖器主要由发热元件、外壳、安全金属罩、反射罩、电源开关、定时器、安全倾倒开关及底壳等构成。

1.4.4　特点

1.电热丝发热体

典型代表有远红外、反射型、对流式取暖器，是较为常见的取暖器类型。该发热体是利用凹镜面反射型的取暖器，俗称"小太阳"，可以像电风扇左右摆动，有些具有远红外功能，无噪声、制热速度较快。缺点是电热丝较为脆弱，开启状态下较大的震动可能对电热丝造成损坏。

2.导热油发热体

典型代表是电热油汀，电热油汀采用导热油作为制热源，可根据需要随意设定温度，无噪声、无异味、使用寿命长、无光亮、不耗氧，且停机后热源可持续2h，制暖量往往和其叶片数量有直接关系，缺点是散热慢，耗电相对多。

3.卤素管、石英管发热体

典型代表是反射型、柱形取暖器。该类取暖器属于传统式取暖器，形状和电热丝反射式取暖器差异不大，采用的制热源为新一代的卤素管或石英管。此类取暖器价格较为便宜，体积小，移动方便，缺点是使用寿命相对较短。

1.4.5 应用范围

电取暖器广泛用于住宅、办公室、宾馆、商场、医院、学校、火车车厢、简易活动房等移动供暖及有临时取暖需求的各类民用、公共建筑与设施。

各类采暖对比见表1-1。

表1-1 各类采暖对比

对比项目	空调制暖	电热膜	发热电缆	水暖	碳晶地暖	电取暖器
加热方式	强制热风循环	远红外辐射发热，无风	纯电力热量，地表发热，无风	水管表层加热，无风	远红外辐射和对流发热，地表发热，无风	远红外辐射，热风循环发热
舒适度	差，燥热，有噪声	非常舒适，有梯度温差	舒适，稍燥热，有梯度温差	舒适，有梯度温差，稍嫌干燥	非常舒适，有梯度温差	差，局部供暖
能源消耗（按1天/10h/30℃计）	高，160W/m²	低，约为普通电采暖的60%，空调采暖的50%，室内非24h使用，比水暖节能，80～120W/m²	中等，约为普通电暖炉的90%，空调采暖的75%，室内非24h使用，80～120W/m²	中等，约为普通电采暖的95%，空调采暖的80%，锅炉用油成本高，家庭烧煤成本稍低	低，约为普通电采暖的50%，空调采暖的50%，室内非24h使用，比水暖节能，80～120W/m²	高，为燃煤锅炉取暖的1～2倍
升温时间	30min	15～25min	45～60min	约2.5h	15～25min	5～10min
空气质量	密闭，易混浊	清新，可适当开窗	清新，可适当开窗	清新，可适当开窗	清新，可适当开窗	密闭，易混浊
建设成本（以100m²室内供暖计）	高	较低	较低	低	较低	较高
滴漏现象	操作简单，无滴漏	操作简单，无滴漏	操作简单，无滴漏	操作复杂，易漏水	操作简单，无滴漏	操作简单，无滴漏

2 直热式电锅炉

2.1 概述

直热式电锅炉是以电力为能源，利用电阻发热或电磁感应发热，通过锅炉的换热组件把热媒水或有机热载体导热油加热到一定温度、压力，再向外输出具有额定工质的一种热能机械设备。直热式电锅炉一般分为电阻式、电磁式、电极式3种。

2.2 工作原理

（1）**电阻式电锅炉**。电阻式电锅炉的工作原理是将电阻丝通电产生热量，通过热传递对介质进行加热。每根或每组加热组件的功率固定，完全浸没在热媒水或有机热载体中，通过绝缘材料与加热介质隔离，通电后持续向外界输出热量，通常可在200℃以内运行。电阻式电锅炉如图2-1所示。

图2-1 电阻式电锅炉

（2）**电磁式电锅炉**。电磁式电锅炉是以电力为能源，采用电磁场感应制热原理，利用高频电流流过线圈产生高速变化的交变磁场，在含铁质材料中产生涡流，使铁原子高速无规则振动，互相碰撞、摩擦而产生热能。电磁式锅炉可实现水电分离，水通过炉体时被磁力线切割从而产生磁化水，加热过程中不易产生水垢，炉体寿命较长。电磁式电锅炉工作原理如图2-2所示。

（3）**电极式电锅炉**。电极式电锅炉是直接利用电源进行加热提供蒸汽或热水的设备，电极式电锅炉内部喷射循环管路把锅炉下部的"冷水"由循环泵打入锅炉的中心筒，并经中心筒侧面的喷水孔喷射至电极，经高压电直接加热喷射的水流，如此循环往复不断加热，从而提升炉内水温。电极式电锅炉工作原理如图2-3所示。

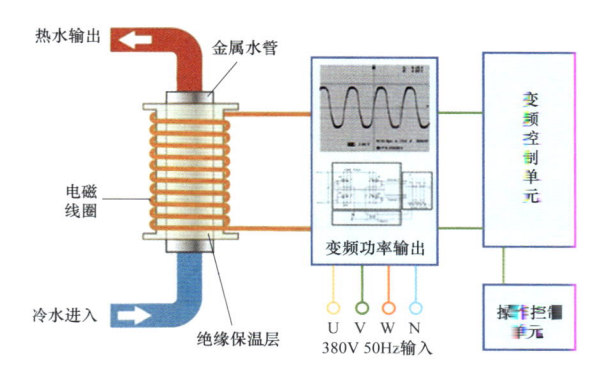

图 2-2 电磁式电锅炉工作原理

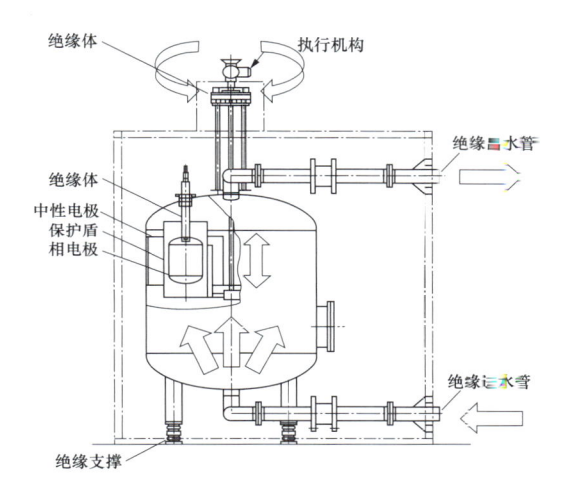

图 2-3 电极式电锅炉工作原理

2.3 构成

（1）电阻式电锅炉。电阻式电锅炉构造较为简单，由壳体、工控板、输入传感器、输出驱动器、通信单元、电阻加热棒构成。工作过程中直接加热电阻，由于热量产生于被加热物体本身，属于内部加热，热效率很高。

（2）电磁式电锅炉。电磁式电锅炉主要由电磁控制器、加热线圈和加热水管组成，加热线圈部分采用圆柱形水电分离结构，是一种利用电磁感应原理将电能转换为热能的装置。电磁控制器将380V、50/60Hz的交流电变成直流电，再将直流电转换成20～40Hz的高压电，电流流过线圈后产生高速变化的交变磁场，当磁场内的磁力线通过导磁性金属材料时会在金属体内产生无数的小涡流，使金属材料高速发热，从而达到加热金属材料料筒内物体的目的。

（3）电极式电锅炉。电极式电锅炉主要由内部喷射循环管路和热循环管路两部分构成。电极式电锅炉的工作电压通常为10kV，可从配电柜出口将10kV的电源进线接入电极式锅炉的电极上端。为方便操作，一般采用上位机作为参数显示设置界面，可实现自动控制、工况监控、历史数据记录、事故报警、联锁保护等功能。

2.4 特点

（1）**节约能源**。直热式电锅炉升温速度快、热效率高，可按取暖面积增减暖气片或进行改造，比燃煤、燃油、燃气等电采暖设备节能30%以上。

（2）**绿色环保**。直热式电锅炉启动后无噪声、无明火、无烟尘、无异味，使用过程中不释放有害气体，不会像传统燃煤、燃油、燃气采暖方式造成环境污染，绿色环保。

（3）**安全可靠**。直热式电锅炉具备齐全的多项保护功能，如剩余电流动作保护、缺水保护、接地保护、蒸汽超压保护、过电流保护、电源保护等，可实现锅炉自动保护，安全可靠。

（4）**智能控制**。直热式电锅炉采用微电脑控制，并配有电子数字信号功率传感器，温控精确，能够实现自主调节。可以进行恒温设置及各种报警功能设置，操作简单。

（5）**运行费用低**。电磁采暖系统内部没有活动部件，不易磨损。投入使用后，不需要保养及维修，长期运行成本低、人员投入少。

（6）**分户计量、分室控制**。《建筑节能"九五"计划和2010年规划》（建办科〔1995〕80号）中明确指出，住宅采暖分户计量、分室控制是建筑节能的一项基本措施。直热式电锅炉采用电能作为采暖的能源，一方面解决了采暖收费难问题，另一方面也能够按用户需求精确实现分户计量、分室控制，可有效解决多户共同供热时费用计收不清等问题。

（7）**不同锅炉对比**。不同锅炉对比见表2-1。

表 2-1 不同锅炉对比

锅炉名称	加热方式	热效率	污染物	市场占有率
直热式电锅炉	电力	98%以上	无	1%
燃气锅炉	天然气	80%	大量烟尘、CO_2、SO_2、NO_x等	15%
燃油锅炉	石油	80%		
燃煤锅炉	煤	60%~65%		80%以上

2.5 应用范围

　　直热式电锅炉主要适用于家庭独立取暖，企事业单位供暖，工业制造，商场、医院、学校等人员密集建筑加热饮用水，太阳能辅助加热、游泳池加热、油田加热和管道井口的加热解冻等。

3 蓄热式电锅炉

3.1 概述

蓄热式电锅炉是指带有蓄热装置的电锅炉设备，通常由直热式电热锅炉增设蓄热水箱或其他蓄热装置制造而成，其可将电能转变为热能并将热量储存在蓄热装置内。蓄热式电锅炉可以在蓄热、直供、边蓄边供、蓄热体供热4种工作模式下运行。

3.2 工作原理

在实际的供热过程中，蓄热电锅炉通过强制循环或自然循环的方式将锅炉内部导热介质输送到蓄热水箱或蓄热装置中，完成热量存储。蓄热式电锅炉一般仅在电价较低的低谷时段工作，可以根据系统所需的热量向用户提供足够的热量，而在高峰峰和平时段将蓄热装置的热量释放出来供热，以节约运行成本，在一定程度上提高资源的科学利用率。下面介绍不同蓄热式电锅炉的工作原理。

（1）**水蓄热式电锅炉**。采用水或水的溶液作为主要蓄热材料，在电力低谷期间，以水为介质将电锅炉产生的热量储存在蓄热装置中，以便适时供热。水蓄热式电锅炉工作原理如图3-1所示。

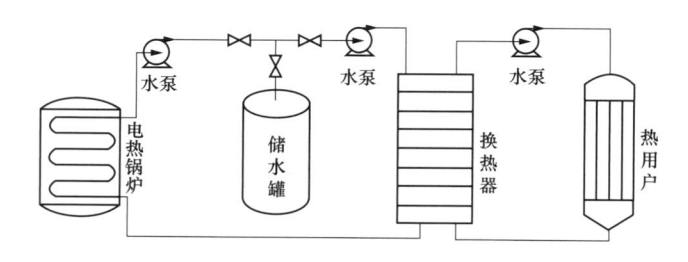

图3-1 水蓄热式电锅炉工作原理

（2）**固体蓄热式电锅炉**。依靠固体蓄热体的温度提升来进行显热蓄热，将电能转化为高温热能储存在设备的储热体中，当用热时，风机运转，使空气流动通过蓄热体，高温高热空气经过热管式换热器后加热水，供暖单位利用热水实现供暖。固体蓄热式电锅炉工作原理如图3-2所示。

（3）**相变蓄热式电锅炉**。相变蓄热体在蓄热、放热过程存在相态的变化，依靠相变蓄热体的温度提升显热蓄热和相变潜热蓄热。相变电蓄热技术结构主要有两种，一种类似于水蓄热技术，用相变蓄热装置替代储水罐，在电价低谷时段，开启电锅炉制

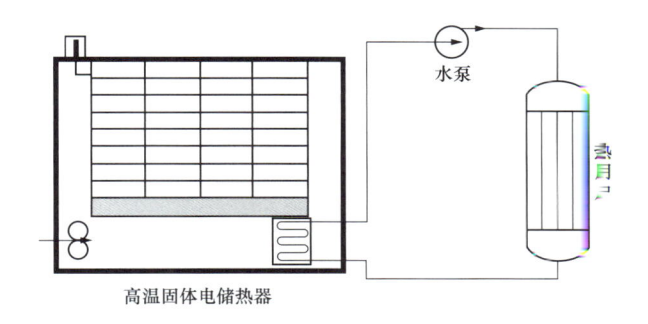

图 3-2　固体蓄热式电锅炉工作原理

热，并利用相变蓄热装置将热量进行储存，在电价高峰时段，相变蓄热装置为建筑供暖；另一种类似于高温固体电蓄热技术，将相变材料做成相变材料砖，并放置于固体蓄热器中，在电价低谷时段直接储存电蓄热装置的热量，在电价高峰时段为建筑供暖。相变蓄热式电锅炉工作原理如图3-3所示。

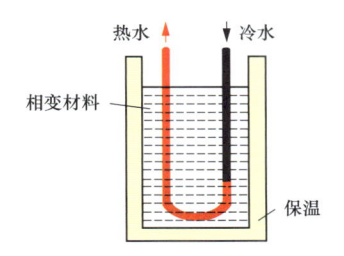

图 3-3　相变蓄热式电锅炉工作原理

3.3　构成

（1）**水蓄热式电锅炉**。水蓄热式系统是由电锅炉、蓄热水箱、换热器、水箱循环泵、供热泵、补水泵、定压装置、电动三通阀等设备组成。电锅炉为热源，蓄热水箱用于蓄热和放热，定压装置用于用户侧定压，换热器用于热源系统与采暖系统换热。换热器一次侧由锅炉、蓄热水箱、蓄热泵等组成热源系统，换热器二次侧由系统循环泵、换热器、定压装置、用户等组成采暖供热系统。在系统中设置了电动三通调节阀，其可根据室外温度变化自动调节换热器二次侧的供水温度，从而节约能源，保证采暖的舒适性。系统内的电锅炉、水泵、电动三通阀均由系统控制柜控制，加上电动蝶阀可做到无人值守全自动运行，在需要时全部设备也可手动操作运行。水蓄热式电锅炉外形如图3-4所示。

图 3-4 水蓄热式电锅炉外形

（2）固体蓄热式电锅炉。固体蓄热式电锅炉由蓄热模块、加热模块、换热模块、循环模块组成，通过不同的模块组合设计，实现供热水、热风、导热油、蒸汽的功能。蓄热模块的蓄热材料采用氧化镁等固体蓄热，保证材料比热值达到1.46以上，最高耐受温度可达1250℃，一般设计寿命为25年。固体蓄热式电锅炉外形如图3-5所示。

图 3-5 固体蓄热式电锅炉外形

（3）相变蓄热式电锅炉。相变蓄热式电锅炉结构包括保温外壳、循环风机、蓄热模块、电加热元件、汽水换热器、自动控制系统和外壳主体。相变蓄热原理是材料晶型发生改变过程中有热量的吸收和释放，利用这一性质可以进行蓄热。蓄热材料包括无机材料和有机材料，其中无机材料包括冰、结晶水合盐、熔融盐、金属合金等，有机材料包括石蜡、羟酸、酯、多元醇等。相变蓄热式电锅炉外形如图3-6所示。

图 3-6 相变蓄热式电锅炉外形

3.4 特点

（1）**环保经济**。蓄热式电锅炉运行时无 CO_2、NO_x、粉尘等排放，做到了零排放。同时还可以享受国家"煤改电"政策，利用峰谷平电价，在谷段蓄热、峰段使用，有效节约成本。

（2）**系统运行稳定**。蓄热式电锅炉可实现智能化操作，可以调节使用的时间段和温度，无须专职人员看守，节省人力成本，还可以智能操控。蓄热式电锅炉使用简便，加热温度可按需设定，较传统的锅炉具有非常明显的优势。

（3）**占地面积小**。无需烟囱、燃料、废渣堆放场所，一般成套组装出厂，在现场只需接上电源、水管即可投入运行，可大大节省基建投资及安装费用。

（4）**节省劳动成本**。一般蓄热式电锅炉都采用自动控制，可快速平稳地控制锅炉电加热元件的循环投切。蓄热式电锅炉具有多项保护功能，实现了机电一体化，不需专职电锅炉运行工，节省费用，避免了人为事故的发生。

3.5 应用范围

蓄热式电采暖充分利用电价低谷时段储蓄能量，削峰填谷，节能降耗，减少城市有害气体排放，适用于办公写字楼、宾馆、小区、商场、医院、展馆、剧院、体育场馆、机场、车站、工业厂房、动植物园、畜禽饲养等大型公共建筑。

4 热泵

4.1 概述

热泵是一种充分利用低品位热能的高效节能装置。通常热量可以自发地从高温物体传递到低温物体，热泵则可以实现热量的逆向流动，即由低品级热源向高品级热源逆向流动。

4.2 工作原理

热泵装置的工作原理与压缩式制冷是一致的，因此小型空调器为了充分发挥其效能，夏季空调降温或冬季取暖使用同一套设备完成。

热泵系统工作原理如图4-1所示，从图4-1可看出，在夏季空调降温时，按制冷工况运行，由压缩机排出的高压蒸汽经换向阀（又称四通阀）进入冷凝器，制冷剂蒸汽被冷凝成液体，经节流装置进入蒸发器，并在蒸发器中吸热，将室内空气冷却，蒸发后的制冷剂蒸汽，经换向阀后被压缩机吸入，这样周而复始，实现制冷循环。在冬季取暖时，先将换向阀转向热泵工作位置，由压缩机排出的高压制冷剂蒸汽，经换向阀后流入室内蒸发器（做冷凝器用），制冷剂蒸汽冷凝时放出的潜热将室内空气加热，达到室内取暖目的，冷凝后的液态制冷剂，从反向流过节流装置进入冷凝器（做蒸发器用），吸收外界热量而蒸发，蒸发后的蒸汽经过换向阀后被压缩机吸入，完成制热循环。

图4-1 热泵系统工作原理

（1）**地源热泵**。地源热泵是利用热泵机组吸收土壤中的热量，利用土壤温度相对稳定的特点，依靠少量的电力驱动压缩机，通过埋在土壤中的闭环管线系统进行热交换，夏天向地下释放热量，冬天向室内释放热量，从而实现制冷或供热的要求。地源热泵工作原理如图4-2所示。

图4-2 地源热泵工作原理

（a）结构示意；（b）地源热泵技术示意

（2）水源热泵。水源热泵是利用热泵机吸收地下水中的热量，依靠少量的电力驱动压缩机，以水作为传输介质，夏天向地下释放热量，冬天向室内释放热量，从而实现制冷或供热的目的。水源热泵分为地下水源热泵和污水源热泵，地下水源热泵工作时易对地下水资源水质产生影响，审批非常严格；污水源热泵相对热值更高，可以利用城市污水作为低温热源，回收其中热量，经过压缩机升温升压后向建筑物供热，适用于接近城市污水干管的建筑物集中采暖和制冷。水源热泵工作原理如图4-3所示。

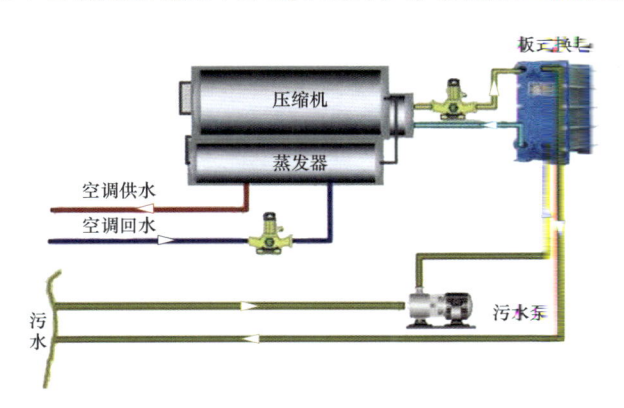

图4-3 水源热泵工作原理

（3）空气源热泵。空气源热泵是利用热泵机组吸收空气中的热量，依靠少量的电力驱动压缩机，通过液态介质首先在蒸发器内吸收空气中的热量并蒸发形成蒸汽（汽化），而后经压缩机压缩成高温、高压气体进入冷凝器，经过冷凝变成液态（液化）把吸收的热量传递给循环水，循环水通过管道流到供热末端进行供热。空气源热泵工作原理如图4-4所示。

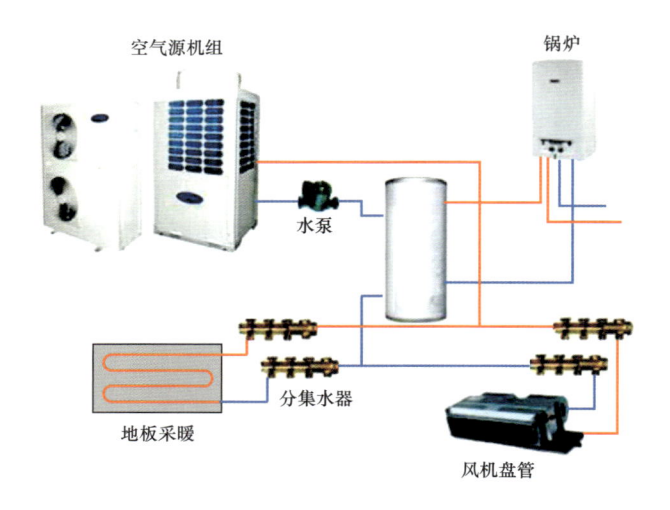

图 4-4 空气源热泵工作原理

4.3 构成

热泵系统一般由压缩机、冷凝器、节流阀、蒸发器4部分组成。其工作过程如下：首先，低温低压的液态制冷剂（如氟利昂）在蒸发器里（如空调室内机）从高温热源（如常温空气）吸热并气化成低压蒸汽；然后，制冷剂气体在压缩机内压缩成高温高压的蒸汽，该高温高压气体在冷凝器内被低温热源（如冷却水）冷却凝结成高压液体；最后，高压液体经节流元件（毛细管、热力膨胀阀、电子膨胀阀等）节流成低温低压液态制冷剂。如此完成一个制冷循环。热泵系统工作原理如图4-5所示。

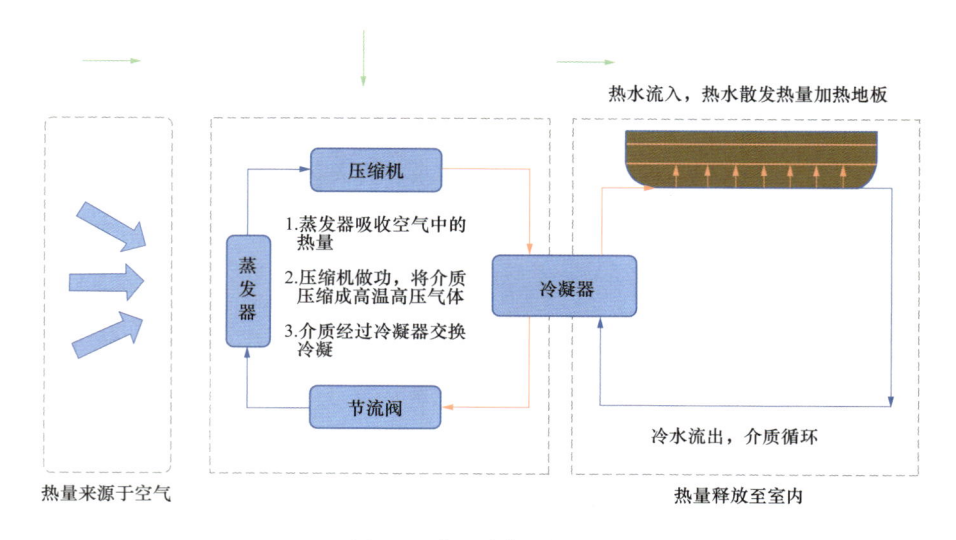

图 4-5 热泵系统工作原理

4.4 特点

热泵具有节能无污染、冬夏两用等特点，热泵的性能一般用制冷系数（COP性能系数）来评价。制冷系数为由低温物体传到高温物体的热量与所需的动力之比。通常热泵的制冷系数为3~4，即热泵能够将自身所需能量的3~4倍的热能从低温物体传送到高温物体。热泵实质上是一种热量提升装置，工作时其本身消耗很少一部分电能，但却能从环境介质（水、空气、土壤等）中提取4~7倍于电能的能量，用于提升温度并进行利用，这也是热泵节能的原因。

（1）空气源热泵。

1）安装简单便捷。空气源热泵系统冷热源合一，不需要设专门的冷冻机房、锅炉房，机组可任意放置屋顶或地面，不占用建筑的有效使用面积。施工安装十分简便，无冷却水系统，即无冷却水消耗和冷却水系统动力消耗。

2）运行稳定、无污染。空气源热泵系统由于无需锅炉和相应的锅炉燃料供应系统、除尘系统和烟气排放系统，系统安全可靠，对环境无污染。空气源热泵冷（热）水机组采用模块化设计，不必设置备用机组，运行过程中由计算机自动控制，调节机组的运行状态，使输出功率与工作环境相适应。

（2）水源热泵。

1）资源充足。水源热泵利用的是可再生能源，其供暖空调系统将地球水体所储藏的资源作为冷热源，其可以利用的水体包括地下水或河流、地表部分的河流、湖泊和海洋。

2）节能降耗。水源热泵运行效率高、费用低、节能。水源热泵机组冬季可利用的水体温度为12~22℃，比室外空气温度高，所以热泵循环的蒸发温度提高，能效比提高。与分散式电采暖相比，可减少70%以上的电耗。

3）运行稳定可靠。水体的温度一年四季相对稳定，特别是地下水，其波动范围远小于空气温度的变动，是很好的热泵冷热源。因此，热泵机具有运行可靠、稳定的优点，且不存在像空气源热泵冬季除霜等难点问题。

4）环境效益显著。水源热泵机组的运行没有任何污染，可以建造在居民区内，无燃烧、无排烟、无废弃物，不需要场地堆放燃料废物，且不用远距离输送热量。

5）一机多用，应用范围广。水源热泵系统可供暖、供冷，还可供生活热水，一机多用，一套系统可以替代锅炉和制冷空调两套装置。特别是对于同时有供暖和供冷要求的建筑物，水源热泵优势明显，其不仅可节省大量能源，而且还减少了设备的初投资。

6）水源热泵的运行效率较高、费用较低。但与传统的供热供冷方式相比，在不同的需求下，其投资经济性会有所不同。通过对水源热泵冷热水机组、空气源热泵、溴化锂直燃机、水冷冷水机组加燃油锅炉4种方案进行经济比较可知，水源热泵冷热水机组初投资最小。

（3）地源热泵。

1）可再生能源利用。由于地源热泵的供暖空调系统是利用地球表面浅层地热资源（地下深度通常小于400m，属可再生资源）作为冷热源进行能量转换的，因此其不受地域、资源等限制，量大面广。

2）经济有效。地源热泵的制冷系数达到4以上。

3）环境效益显著。地源热泵运行没有任何污染，可以建造在居民区内，无燃烧、排烟、废弃物，且不需要场地堆放燃料废物，不用远距离输送热量。

4）应用范围广。地源热泵系统可供暖、供冷，还可供生活热水，一机多用，可应用于宾馆、商场、办公楼、学校等建筑，更适用于别墅住宅的采暖。

5）使用便捷，节省空间。地源热泵的机械运动部件非常少，所有的部件埋在地下或安装在室内，避免了室外恶劣气候的影响，且机组紧凑、节省空间；自动控制程度高，可无人值守，系统维护费用低。

4.5 应用范围

热泵在新能源市场的应用非常广泛，可根据不同环境选择热泵种类。其主要适用于家庭热水、商用热水、家庭采暖、分布式集中供暖、畜牧业养殖供暖、恒温水产养殖、农业大棚恒温领域、工农业烘干领域、校园热水及供暖等领域。

5 农业生产电气化

农业生产电气化是指电能在农业生产中的广泛应用，是农业生产机械化和自动化的重要技术基础。发展农业用电技术有利于促进农业产品深加工，提升农业现代化水平和工作效率。

5.1 农业电排灌

5.1.1 概述

农业电排灌是以电力代替机械或燃油动力作为基础来驱动水泵，利用电动机带动水泵，进行抽水排涝、引水灌溉等农业用水资源的调配。农业电排灌是农业生产、抗旱、排涝的重要方式。按灌溉方式和应用场景的不同，一般可分为传统地面灌溉、喷灌和智能微灌。

5.1.2 工作原理

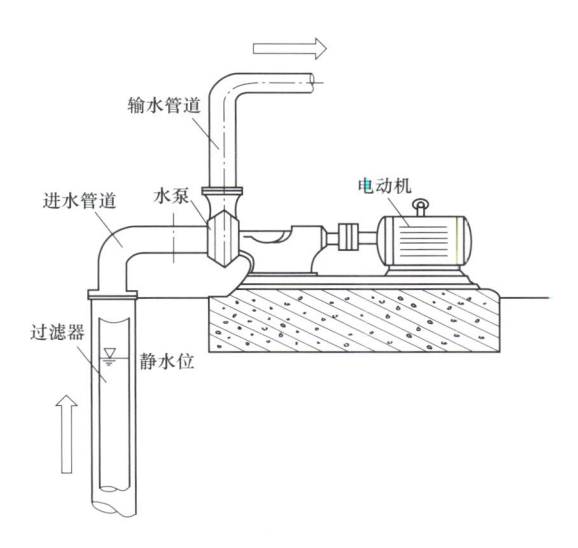

1. 传统地面灌溉、喷灌

传统地面灌溉、喷灌是以电能为动力，通过电动机拖动水泵提水，水泵利用叶片和水的相互作用来输送地下水或水池内的水来进行排灌。传统地面灌溉、喷灌工作原理如图 5-1 所示。

图 5-1 传统地面灌溉、喷灌工作原理

2. 智能微灌

智能微灌利用智能灌溉控制系统的自动控制技术、专家系统技术、传感器技术、通信技术、计算机技术等来对农作物进行智能灌溉。智能灌溉控制系统工作时，湿度传感器采集土壤的湿度信号，通过转换将电流模拟信号转换为湿度数字信号，与可编程控制器内预先设定的标准湿度进行比较，通过变频器调节相应电动机的转速，进而带动水泵从水源处抽水灌溉。需要灌溉时，电磁阀自动开启，通过主管道和支管道为喷头输水，喷头可以各种旋转角度自动旋转，灌溉结束时电磁阀自动关闭。为了避免离水源远的喷头压力不足，在电磁阀侧安装压力表，以保证各喷头的水压满足设定的喷灌射程，避免发生水压不足喷头射程减小的现象。智能微灌工作原理如图5-2所示。

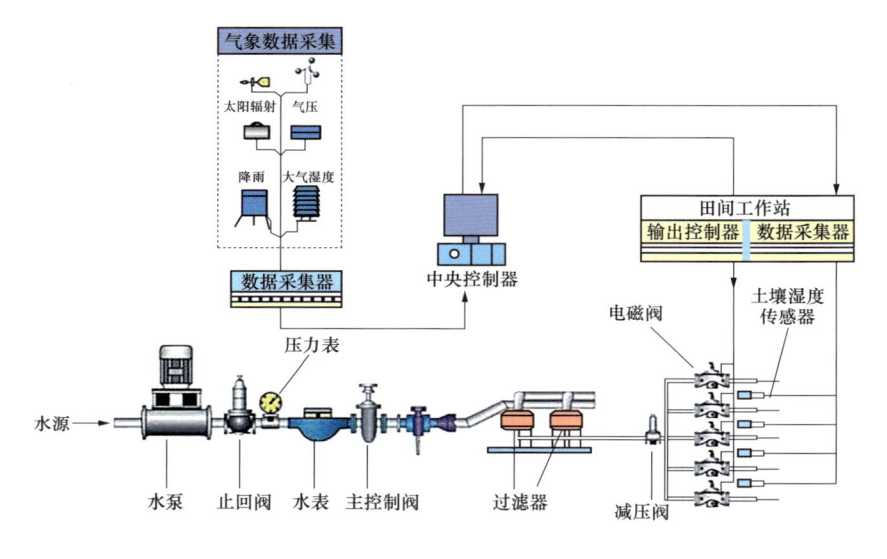

图 5-2 智能微灌工作原理

5.1.3 构成

1.传统地面灌溉及喷灌

农业电排灌系统主要由泵站工程、电气工程和灌溉排水工程组成。排灌站的最主要设备是水泵及与之配套的动力机，称为主机组，其水泵主要采用叶片式水泵，包括混流泵、离心泵、轴流泵3种类型。水泵是电力排灌泵站中的重要组成部分之一，其能耗高低直接关系着泵站的总体能耗，为此，必须对水泵的选型予以足够重视。水泵选型过程中，一方面要结合排灌任务的具体要求选择高效的水泵；另一方面要确保所选的水泵价格低、质量好、效率高。如果水泵选择不合理，不但无法满足排灌要求还会导致能源浪费。传统地面灌溉如图5-3所示。

2.智能微灌

智能灌溉控制系统主要由中心主控系统（主计算机、控制柜）、电磁阀、土壤湿度

图 5-3 传统地面灌溉

传感器（可测土壤湿度值）、气象观测站（可测量气温、风向、风速）等设备所组成。该系统还可以利用数据查询系统，随时记录、查询、打印整个灌溉区域的气象资料、土壤湿度、灌溉设置、灌溉进程、灌水历史记录等数据。智能微灌如图5-4所示。

图 5-4 智能微灌

5.1.4 特点

1. 传统地面灌溉

传统地面灌溉操作简单、劳动投入少、对技术要求不高，但需要大量的灌溉水，水的利用率非常低。同时传统地面灌溉灌水量大，水压高，灌水不均匀，对土地冲击大，容易造成土地土壤和肥料流失。此外，容易造成土壤板结，不利于根系的呼吸和土壤中养分的运输，还可能造成土壤次生盐碱化。传统地面灌溉对地形要求高，一般适用于平坦土地。

2. 智能微灌

智能微灌节水、节能、节地、省工、省肥、增产、增收，减轻了农田水利建设的工作量，促进了农业现代化的发展，有利于保护环境，渠道防渗，可水肥、农药一体施用，实施无地形限制。但智能微灌设备投入费用高、技术要求高、操作控制难度大。

5.1.5 应用范围

1. 传统地面灌溉

传统地面灌溉包括漫灌、树盘灌水或树形灌水、沟灌、渠道畦式灌溉等。平原区果园地面灌水多采取漫灌、树盘灌水或树形灌水、沟灌等灌溉方法；蔬菜植物多采取畦栽，因此多采取渠道畦式灌溉；草本观赏植物的灌溉方法基本上与果树灌溉一致。此外，漫灌适用于夏季高温地区大面积种植，且生长密集的草坪，沟灌适宜大面积、宽行距栽培的花卉、蔬菜。

传统地面灌溉常用于没有自流排灌条件或采用自流排灌不经济的农田排灌、人畜饮水、城镇供水、围海造田、抽水蓄能及跨流域调水等。它在保证农业全面丰收，促进农业水利化、机械化、电气化等方面起着重要的作用。

2. 智能微灌

智能微灌包括滴灌、微喷灌、渗灌及小管出流灌等。智能微灌通过将灌溉水加压、过滤，然后经各级管道和灌水器具灌水于作物根系附近。微灌属于局部灌溉，只湿润部分土壤，对部分密播作物适宜。智能微灌节水效益较为显著，与传统地面灌溉相比，可节水80%~85%。微灌可与施肥结合，利用施肥器将可溶性的肥料随水施入作物根区，及时补充作物需要的水分和养分，增产效果好。微灌一般应用于大棚栽培和高产高效经济作物栽培，其适用于所有地形的土壤，特别适用于干旱缺水地区。与土渠相比，一般可节水55%~60%。

5.2 电烤烟

5.2.1 概述

电烤烟系统主要由温控装置和鼓风机装置组成，温控装置的主要部件有测温装置、电路板、接触器、鼓风机等。在较高的装烟叶密度下，通过强制通风，使加热的热空气在风机作用下，均匀地加热烟叶并带走水分。

5.2.2 工作原理

电烤烟系统应用换热原理，通过让工质不断完成蒸发（吸取室外环境中的热量）→压缩→冷凝（在室内烘干房中放出热量）→节流→再蒸发的热力循环过程，将外部低温环境里的热量转移到烘干房中，让冷媒在压缩机的作用下在系统内循环流动产生热量，再将热量输送到装烟室内，从而升高装烟室内温度来达到烟叶烘烤的目的。电烤烟工作原理如图5-5所示。

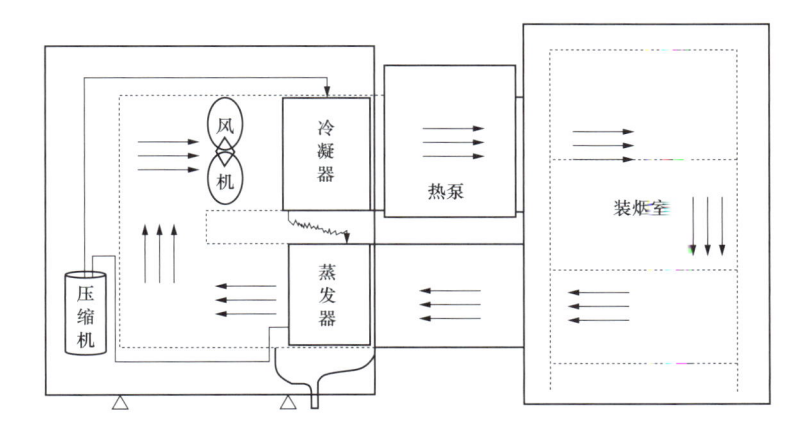

图5-5 电烤烟工作原理

5.2.3 构成

电烤烟具有多种应用系统，主要系统为智能、分体式烘干热泵系统，该系统主要包括"微电脑智能化控制"的空气能热泵主机、"冷凝器全包装过滤系统、专业定制耐高温高湿风机"的辅机，"独特智能化温湿度控制"的控制系统、电动风门、自垂百叶窗，以及保温箱体（烤房）等。电烤烟系统外形如图5-6所示。

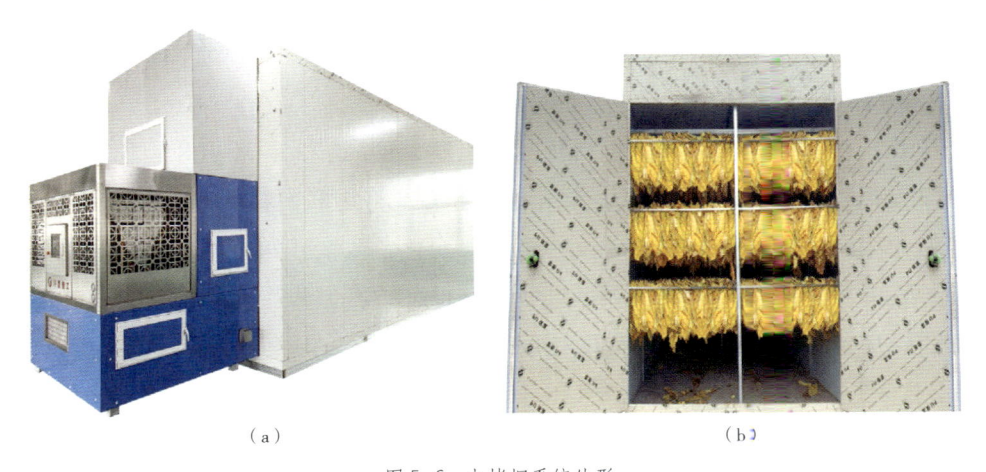

（a）

（b）

图5-6 电烤烟系统外形

（a）外形；（b）内部工作环境

5.2.4 特点

1. 节能环保

电烤烟设备采用高温热泵方式加热，能效比可达500%，不仅电耗小，而且使用的是清洁能源，无污染物排放。

2. 提质增效

各地区烟草公司的验收报告及各方共同认可的实验记录数据表明，使用电烤烟设备烘烤的烟叶，还原糖有所增加，烟碱、总氮及蛋白质含量明显下降，有效改善了烤烟的香味，减少了刺激性和杂气，上品烟比例增加50%以上。

3. 减工降本

利用电烤烟设备烘烤烟叶，平均每炕用电850～1500kW·h（用电量与气温、海拔和装烟量有关）。此外，人工依赖迅速下降，1位烤烟师傅可以同时监管20座以上的电烤房，用工成本极低。

4. 降低闲置

针对各地区不同时节，对不同农作物（果蔬、花卉、中草药）的设备烘烤需求，电烤烟设备可做到烟叶产季烘烤烟叶，闲置时节烘烤其他作物，甚至调整配置可以实现保鲜冷藏、菌菇培植等多样功能，提升了设备的使用价值，降低了烤房闲置率，为烟农增加额外收入。

5.2.5 适用范围

电烤烟不仅适用于卷烟生产流程中最重要的烤烟环节，还可广泛应用于食品、化工、医药、纸品、皮革、木材、农副产品加工等行业的加热烘干作业。

5.3 自动化养殖

5.3.1 概述

传统养殖往往受养殖品种、饲料种类和质量、疫病、生长环境和管理水平等因素的影响，发展较为缓慢，因此科学养殖尤为重要。将物联网技术与养殖业结合起来，可让养殖户第一时间感知养殖环境及牲畜生长变化，改变养殖策略。科学养殖一方面能够使牲畜的生长环境一直保持在最佳状态，保证牲畜健康生长；另一方面，能够实现远程监控及自动化控制，大大降低人工成本。

5.3.2 工作原理

自动化养殖是通过物联网技术，让养殖牲畜或禽类佩戴耳标（脚环），由耳标（脚环）读取设备进行数据读取，以此来判断所养牲畜或禽类的身份并传输给计算机，同时称重传感器还可将该牲畜或禽类的体重传输给计算机。管理者可设定牲畜或禽类的怀孕（孵化）日期及其他基本信息，系统根据终端获取的数据[耳标（脚环）号、体重]和计算机管理者设定的数据[怀孕（孵化）日期]计算出牲畜或禽类当天的进食量，然后把进食量分量、分时间地传输给饲喂设备为牲畜或禽类下料。系统还可通过获取被养殖物的其他信息来进行统计计算，为管理者提供精确的数据，以进行公司运营分析。自动化养殖现场如图5-7所示。

图5-7 自动化养殖现场

5.3.3 构成

自动化养殖系统一般由监控系统、环境控制系统、自动喂食系统组成。

监控系统不仅可采集养殖舍内空气温度、空气湿度、氨气、硫化氢、二氧化碳和光照度、所养殖物状态等参数，还可以通过监控摄像头，实时查看家禽生长信息。将以太网、GPRS、4G/5G等网络技术作为物联网的网络层，实时将大棚环境参数传输到以管理软件平台为核心的物联网应用层，实现大棚内环境信息的实时监测。

环境控制系统主要通过环境智能控制器实现风机、水阀、湿帘、补光等设备的全自动化监控和管理。根据实际需求，在圈舍分别配置智能控制器。设备自带触摸屏，通过点击系统按钮或者操作鼠标即可实现对设备的远程自动化控制。通过对设备所采集的生产环境参数进行计算分析，生成设备的控制指令，再通过通信链路传输到现场设备控制器，实现自动生产。

自动喂食系统主要由投食机、生物识别系统构成，可实现自动投喂。通过投食机定时或者手动方式投食，降低劳动力，节约人工成本，通过生长期自动分析，投食定时定量，减少了食物浪费。

5.3.4 特点

1. 提高生产率，降低人工成本

能够有效提升管理人员的工作效率，管理人员平均每天进场时间不超过1h，进场主要进行的是配种、转群、观察、处理等必须由人来完成的操作。

2.实现养殖过程高度自动化

整个系统采用"储料塔+自动下料+自动识别"的自动饲喂装置，完全自动供料。通过中心控制计算机系统的设定，实现发情鉴定、舍内温度、湿度、通风、采光、卷帘等的全自动管理。农场的所有生产数据可以实时传输显示在农场主的个人终端设备上。场内配备由计算机控制的自动报警系统，出现问题自动报警通知用户。

5.3.5 应用范围

自动化养殖技术主要应用于较大规模的禽类养殖、牲畜养殖、水产养殖等场合，可降低人工成本、提高产量、降低病虫害的发生。

5.4 智能温室大棚

5.4.1 概述

智能温室大棚又称智能农业大棚，其采用的是先进的智能化控制系统，可通过计算机实现整个大棚的管理，包括环境控制，蔬菜种植水肥、温度、光照智能化控制等，仅需少量人力即可管理大面积的蔬菜种植，同时还可以降低人为操作失误带来的经济损失。智能温室大棚可以根据不同植物的品种、不同季节的变化，按照科技人员设计的要求进行严格设定，从而提高农作物的产量。

5.4.2 工作原理

智能温室大棚是需要一套科技含量高的智能化控制系统来操作的，该设备需要一种感应设备，通过传感器把数据输送到中央控制系统，通过对比参数，发出指令，实现全自动化控制。只要设置好参数，系统就可以自动化去处理重复、繁琐的劳动，实现现代化管理。智能温室大棚如图5-8所示。

图5-8 智能温室大棚

（a）内部环境；（b）喷灌

5.4.3 构成

温室环境监测系统由视频监控系统、智能预警系统、智能控制系统构成。通过温室环境监测，可对种植环境的空气温湿度、土壤温湿度、光照度、二氧化碳浓度等信息进行采集，并对采集的数据进行分析，根据参数的变化实时调整或自动控制温控系统、灌溉系统等现场生产设备。通过在生产区域内安装全方位高清摄像机，对包括种植作物的生长情况、投入品使用情况、病虫害状况情况进行实时视频监控，在现场无人值守的情况下，种植者也可对作物生长状况进行远程在线监控与专家诊断。

温室环境监测系统通过比较监测点上环境传感器采集到的数据与作物适宜生长的环境数据，当实时监测的环境数据超出预警值时，系统自动进行预警提示，并进行手机和大屏幕显示设备推送。通过智能控制系统，可以对农业生产区域内各种设备运行条件进行设定和对温室大棚自动化设备进行控制操作，如自动喷雾系统、自动换气系统等，确保温室内为植物生长最适宜环境。智能大棚系统构成如图5-9所示。

图5-9 智能大棚系统构成

5.4.4 特点

1. 温度、湿度、光照、精准环境控制

新型的温室专用装备和各种传感器，不仅可以精准地检测温室内部的温度、湿度、光照等数据、还可以精准检测土壤墒情、二氧化碳浓度、虫害等情况。

2. 节省人工、高效生产

在作物栽培中，有很多生产环节需要大量的重复化操作，这些操作可以实现自动化，从而节省人工成本，提高生产效率，实现高效的农业生产。

3.经济效益显著

智能大棚通过温室环境控制、水肥一体化实施，节省了人工成本、提高了产量、降低了病虫害发生率，使种植科学合理，经济效益显著。

5.4.5 应用范围

智能温室大棚主要适用于农业大棚、花卉植株栽培温室、菇类菌类培育温室、家禽家畜圈养棚舍等场合。

6 农产品加工仓储

6.1 电烘干

6.1.1 概述

发展农业电烘干技术有利于推进农产品深加工，提高农产品仓储现代化水平。烘干是许多农产品生产、加工过程中必不可少的工序，随着社会发展和人们环保意识的逐步增强，燃油、燃煤等高耗能、高污染烘干设备的使用受到严重限制，取而代之的是安全、环保、节能效果明显的电烘干设备。

6.1.2 工作原理

我国在农产品烘干中应用的主要电烘干技术有热风干燥、真空冷冻干燥、辐射干燥和热泵干燥。电烘干技术原理如图6-1所示。

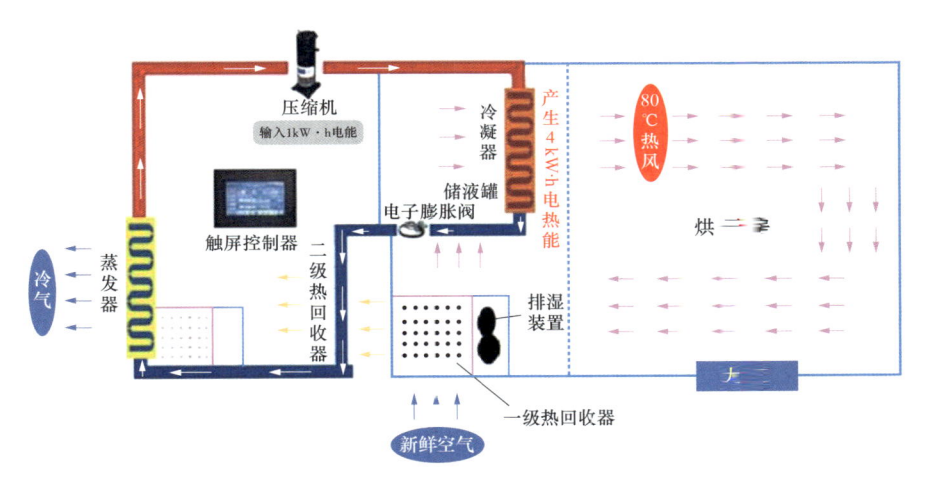

图 6-1 电烘干技术原理

（1）热风干燥。以热空气为干燥介质，通过自然强制对流循环的方式与物料进行湿热交换，使物料内部和表面之间产生水分梯度差，物料内部的水分以气态或液态的形式向表面扩散并被带走。干燥介质既是载热体也是载湿体，在烘干过程中不断冷却增湿。

（2）真空冷冻干燥。利用升华原理，在真空状态下使物料中的水分冻结成冰晶，并直接以固态升华为水蒸气的形式实现干燥。通过此方式干燥的物料，品质最佳，保持色、香、味、营养和质构，复水性好，主要用于经济附加值较高的物料干燥。

（3）辐射干燥。一种以红外线、微波等电磁波为热源，通过辐射方式将热量传递

35

给待烘干物料的干燥方式，可在常压和真空两种条件下进行。辐射干燥作为新兴的干燥技术，具有节能、环保和干燥后物料品质好的优点，在农业生产中具有很好的应用前景。其中红外辐射干燥是通过辐射器发射的0.75～1000μm的红外线照射物料，吸收此波长的红外线后，吸收的能量加剧了物料中的分子运动，从而使物料内部温度升高，促进水分子蒸发，达到干燥目的。

（4）热泵干燥。利用逆卡诺原理，吸收空气中的热量并将其传递至烘干房内，提高烘干房的温度，配合辅助设备实现物料的干燥。热泵循环系统由压缩机、冷凝器（内机）、节流阀、蒸发器（外机）等装置构成。冷媒在压缩机内完成气态的升温、升压过程后进入冷凝器释放出热量，在加热烘干房内空气的同时自身被冷却，经过节流阀后变成低温低压液体流到蒸发器，这时蒸发器周边的空气不断地将热量传递给冷媒，使其吸热气化，气化后的冷媒气体再被压缩机吸入，往复循环。通过冷媒不断流动，从而将外部环境中的热量传输到烘干房内烘干物料。

6.1.3 构成

电烘干设备一般由箱体、烘干室、加热室、冷凝器、热交换器、电器控制箱等组成。

多功能烘干机一般由箱体、风机、烘干室、电热管交换器、电控箱、烘干盘等组成。

烘干室上端有圆形通风口与烘干室贯通，加热时湿气可以通过圆形通风口排出，风机位于烘干室的上方，风口在烘干室的下端，通过风机热风在烘干室内进行热风循环烘干。箱式烘干器如图6-2所示。

图6-2 箱式烘干器

6.1.4 特点

1.安全环保

电烘干采用清洁能源，无二氧化碳、粉尘等污染物排放，可有效避免燃煤、燃气、燃油等烘干方法对环境的污染。生产过程可监测、可控制，安全性更高，不易发生事故。

2.智能便捷

电烘干采用智能化控制，相对传统烘干方式更加节能高效，且操作简单方便，可有效降低人工成本。

6.1.5 应用范围

电烘干技术应用领域较广，由早期的木材干燥逐步扩展到食品加工、茶叶烘干、烟叶烘干、蔬菜脱水、鱼类干燥、生物制品及食用菌干燥、污泥处理、化工原料干燥等诸多领域。

6.2 电制冷

6.2.1 概述

电制冷技术常用于冷库，冷库主要用于食品的储存、保鲜。冷库通常位于运输港口或原产地附近，常采用人工手段创造与室外温度或湿度不同的环境，进而对食品、液体、化工、医药、疫苗、科学实验等物品进行恒温、恒湿贮藏。

6.2.2 工作原理

冷库的核心设备为制冷机，制冷机通过气化液体冷却剂（氨或氟利昂），使冷却剂在低压和机械控制的条件下蒸发，吸收冷库内的热量，从而达到冷却降温的目的。冷库与冰箱的制冷原理相似，但制冷面积更大。冷库制冷原理如图6-3所示。

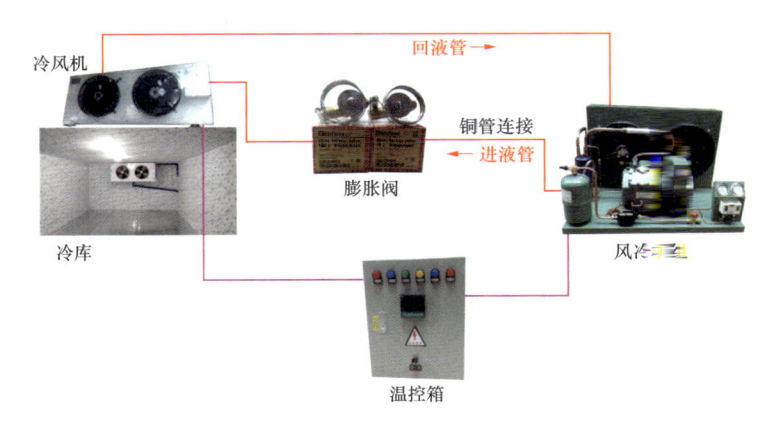

图6-3 冷库制冷原理

冷库中最常用的制冷设备是压缩式冷藏机，主要由压缩机、冷凝器、节流阀和蒸发管等组成。按照蒸发管安装方式又可将冷藏机分为直接冷却和间接冷却两种。直接冷却是将蒸发管安装在冷藏库房内，液态冷却剂经过蒸发管时，直接吸收库房内的热量而降温；间接冷却是由鼓风机将库房内的空气抽吸进空气冷却装置，空气被盘旋于冷却装置内的蒸发管吸热后，再送入库内降温。空气冷却方式的优点是冷却迅速，库内温度较均匀，同时能将贮藏过程中产生的二氧化碳等有害气体带出库外。

6.2.3 构成

冷库实际上是一种低温冷冻设备，冷冻温度一般为 $-30 \sim -10℃$，存储量较大。冷库一般由制冷压缩机、风机、冷库板、冷库门、铝排、控温系统等组成。冷库构成如图6-4所示。

图 6-4　冷库构成

6.2.4 分类

（1）按结构形式，可分为土建冷库、装配式冷库。

（2）按使用性质，可分为生产性冷库、分配性冷库。

（3）按规模大小，可分为大型冷库、中型冷库、小型冷库。

（4）按制冷设备选用工质，可分为氨冷库、氟利昂冷库。

（5）按使用库温要求，可分为高温冷库、低温冷库、冷藏冷库。

6.2.5 特点

冷库适于我国产地保鲜的需要，空库由常温降至0℃的时间，高温季节不超过10h，低温季节通常少于1h，最快只需几分钟。具有投资少、经济实用、建造技术成熟、适应范围广、容易普及推广、建设工期短、全自动化控制、高效、噪声低、降温速度快等特点。

6.2.6 应用范围

冷库可广泛应用于食品厂、乳品厂、制药厂、化工厂、果蔬仓库、禽蛋仓库、宾馆、酒店、超市、医院、血站、部队、实验室等。可对食品、乳制品、肉类、水产、禽类、果蔬、冷饮、花卉、绿植、茶叶、药品、化工原料、电子仪表仪器等进行恒温贮藏。

7 家庭电气化

家庭电气化是响应国家城镇化与智慧城市建设发展需求,普及推广居民生活领域电气化的措施。家庭电气化让电能广泛应用于家庭生活,提高电能在家庭能源消费中的占比,从而改善家庭环境,提高生活品质。家庭电气化主要包括电炊具和电洗浴等技术领域。

7.1 电厨炊设备

7.1.1 概述

厨房电器是专供家庭厨房使用的一类家用电器,按用途可分为食物准备、制备、烹饪、储藏和厨房卫生5类;按安装方式可分为独立式、普通嵌入式和全嵌入式3种;按工作原理可分为电动类、电热类2种,其中电热类又分为电阻式、红外式、微波式和电磁感应式。

7.1.2 工作原理

1. 电动类厨房设备

电动类厨房设备包括洗菜机、和面机、切片机、开罐器、食物料理机、打蛋器、搅拌器、绞肉机、果蔬去皮机、咖啡研磨机、食物混合器、电动切刀等。

电动类厨房设备主要是通过电能带动电动机等的旋转类设备,其通过将电能转换为机械能来实现研磨、搅拌、震动、挤压等功能。电动类厨房设备如图7-1所示。

(a) (b)

图7-1 电动类厨房设备(一)
(a)洗菜机;(b)和面机

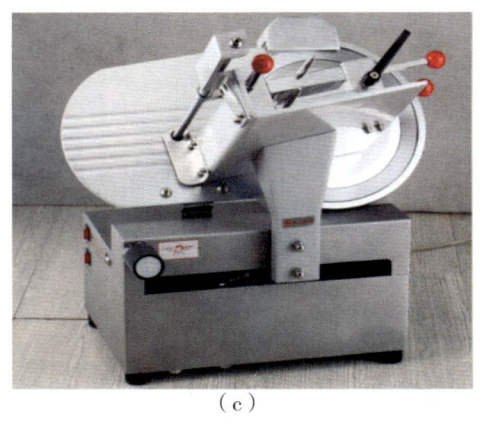

图 7-1　电动类厨房设备（二）

（c）切片机；（d）咖啡研磨机

2. 电热类厨房设备

电热类厨房设备包括电灶、微波炉、微晶灶、电磁灶、电饭锅、电烤箱、烤面包片器、电蒸炉、电炸锅、电火锅、电热锅、电饭盒、电高压锅、三明治烤炉、电饼铛、电炒锅、蒸蛋器、烤肉器等。电热类厨房设备加热一般采用电阻发热，即发热管中的发热丝通电后产生热能，热能直接传递到铝合金压铸盘等载体上对食物进行加热。

电磁感应式厨房设备是采用电磁感应原理实现加热的厨房设备。利用交变电流通过线圈产生方向不断改变的交变磁场，而处于交变磁场中的导体内部会产生涡旋电流，涡旋电流的焦耳效应会使导体温度上升，从而实现加热。

7.1.3　构成

（1）电动类厨房设备。电动类厨房设备一般由外壳、传动装置、电路、电动机等构成。

（2）电热类厨房设备。电热类厨房设备一般由外壳、电路、温控元件、金属管状加热器（感应线圈）、云母片电热丝、紫外线灯等构成。

7.1.4　特点

提高家庭饮食质量，能够保证食物加工的卫生及厨房环境整洁。降低食物加工难度，提升食物加工效率，可有效减少劳动量。

7.1.5　适用范围

电厨炊设备主要适用于家庭饮食烹饪、酒店餐饮、工厂食堂等。

7.2 电冰箱

7.2.1 概述

电冰箱是保持恒定低温的一种制冷设备,也是一种使食物保持恒定低温状态以方便保存的民用产品,是箱体内有压缩机、制冰机及带有制冷装置的贮藏箱。家用电冰箱的容积通常为20~500L。

7.2.2 工作原理

电冰箱中的制冷剂气体经压缩机压缩成为高温高压过热蒸汽,并经过排气管进入冷凝器内,过热蒸汽在冷凝器中冷凝为高温中压的液体。高温中压的液体经干燥过滤器过滤后进入毛细管,经毛细管节流降压由高温中压变为低温低压的液体。低温低压的液体在蒸发器中大量吸收外界热量,汽化成为饱和蒸汽吸收热量,在吸气管中变为低压蒸气,再被压缩和吸入维持循环实现电冰箱制冷。电冰箱工作原理如图7-2所示。

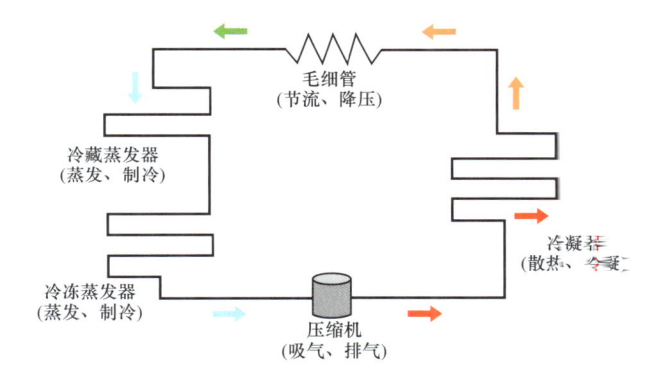

图7-2 电冰箱工作原理

7.2.3 构成

电冰箱由箱体、制冷系统、控制系统3部分组成,制冷系统主要包括蒸发器、冷凝器、毛细管、干燥过滤器和压缩机。

7.2.4 特点

1. 寿命长,噪声小

电冰箱采用国际先进的微型压缩机制冷技术,通过数字式触控按钮控制温度,实时显示温度变化情况,并可以自由调节。无噪声、节能轻便,使用寿命长,结构简单,安全可靠,室内外均可使用。

2. 节能环保

制冷效果好,功耗低,采用新型制冷技术,无氟利昂等有害气体,节能环保。

7.2.5 应用范围

电冰箱主要用于家庭及其他场所的食物贮藏，食品经过电冰箱冷冻、冷藏后，其质、色、味不变，起到食品保鲜的作用。电冰箱内部使用空间可分为食品冷藏区和食品冷冻区，其中食品冷藏区用于贮存不需要冻结的食品，例如水果、蔬菜，温度通常为0～10℃；食品冷冻区适用食品冷冻，例如冻肉类及鱼类，温度通常低于-18℃。

7.3 吸油烟机

7.3.1 概述

吸油烟机是一种净化厨房环境的厨房电器，其安装在厨房炉灶上方，能将炉灶燃烧的废物和烹饪过程中产生的对人体有害的油烟迅速抽走，排出室外，同时将油渍冷凝收集，减少污染，净化空气，并有防毒、防爆的安全保障作用。

7.3.2 工作原理

吸油烟机安装于炉灶上部，接通吸油烟机电源，电动机驱动，风轮高速旋转，在炉灶上方的一定范围内形成负压区，将室内的油烟气体吸入吸油烟机内部，油烟气体经过油网过滤，进行第一次油烟分离，然后进入烟机风道内部，通过叶轮旋转对油烟气体进行第二次油烟分离，风柜中的油烟受到离心力的作用，油雾凝集成油滴，再通过油路收集到油杯，净化后的烟气最后沿固定的通风道排出室内。吸油烟机工作原理如图7-3所示。

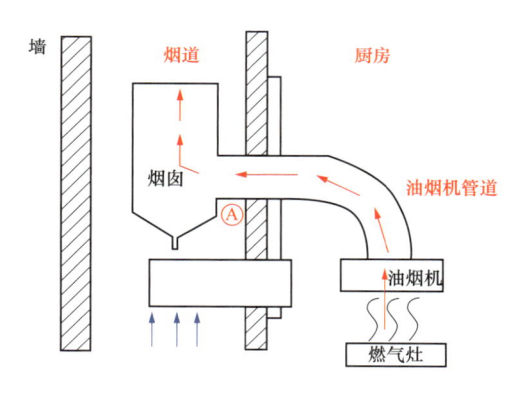

图7-3 吸油烟机工作原理

7.3.3 构成

吸油烟机主要由机壳、电动机、风道、风机、止回阀、集排油装置、照明装置、电源开关和电源线等构成。机壳由壳体和面板两部分组成，采用冷轧薄钢板表面喷塑处理而成。电动机是吸油烟机的核心部分，一般采用全封闭的单相电容运转式异步电动机，电动机的风轮采用离心式风轮，由硅合金铝片冲压而成，经久耐用不变形，动平衡性能好。风道为烟气的通道，由冷轧薄钢板表面喷塑处理而成。止回阀采用塑料制成，作用是防止烟气倒灌。集排油装置由集油盒、排烟管、集油杯和导油环构成。电源开关采用轻触式开关或机械开关，可控制工作状态。

7.3.4 特点

1. 提高室内舒适度

室内油烟快速排出，减少油烟对室内污染，提高生活质量和舒适度。

2. 节能环保

现代吸油烟机符合国家绿色标准。具有功耗低、噪声小、吸力大的优点，可满足家庭使用，降低使用费用。

3. 安装操作便捷

安装简单便捷，可通过房屋预留位直接打孔安装悬挂于灶台上。

7.3.5 应用范围

吸油烟机适用于家庭厨房、餐饮行业。工业油烟净化器一体机与其工作原理相似，适用于紧固件的冷镦机废气、纺织业的定型机产出废气、橡胶及PVC废气、人造革的废气、热处理业的回火炉废气、建材加工等行业的油烟废气的净化和回收。

7.4 净水器

7.4.1 概述

净水器是按使用要求对水质进行深度过滤、净化处理的水处理设备。一般情况下，净水器是指家庭使用的小型净水器，其技术核心为滤芯装置中的过滤膜，主要技术来源于超滤膜、反渗透膜、纳滤膜3种。

7.4.2 工作原理

净水器工作原理：通过地过滤膜将水中的杂质过滤掉。市场上的过滤膜主要有以下几种：石英砂层、不锈钢滤网、PPF棉、普通活性炭、椰壳活性炭、陶瓷滤芯、绕线滤芯、钛芯、折叠滤芯、中空纤维、纳滤、反渗透膜，以上排序从前至后，效果越来越好，其中反渗透膜过滤过滤效果最好，一般作为最后的过滤环节。净水器工作原理如图7-4所示。

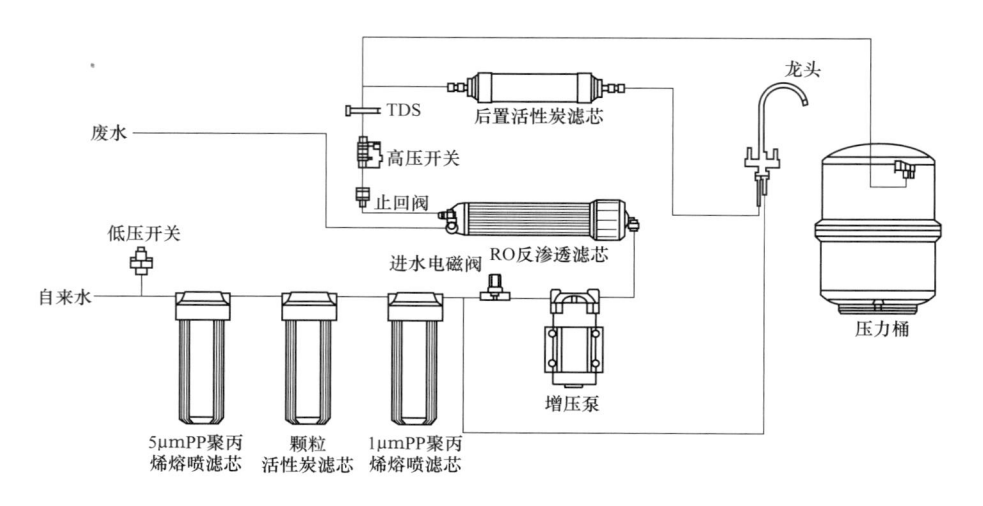

图 7-4　净水器工作原理

7.4.3　构成

净水器一般由粗滤/微滤、超滤（UF）、纳滤膜（NF）、反渗透膜（RO）、高压水泵、电磁阀、控制系统等构成。粗滤/微滤由PPF纤维滤芯和颗粒、块状或压缩的活性炭滤芯构成，利用膜表面的孔隙来进行过滤，微滤膜的孔径一般为0.5～1μm，可过滤泥垢、铁锈、胶体等可见杂质和大的细菌团。超滤（UF）材料为中空纤维超滤膜，是以压力为推动力，利用超滤膜不同孔径对液体进行分离的物理筛分过程。纳滤膜（NF）是反渗透膜的一种，介于反渗透膜和超滤膜之间的压力驱动膜，纳滤膜的孔径范围为1～10nm，在此孔径下，农药、除草剂、洗涤剂等低分子的有机物、重金属都不能通过，小于此孔径的离子则可以部分通过。反渗透膜（RO）运用特制的高压水泵，将原水压力提高，使原水在压力的作用下渗透过孔径只有0.1nm的逆渗透膜，随废水排出，化学离子和细菌、真菌、病毒体均不能通过反渗透膜。

7.4.4　特点

1.安全健康

厨房净水器能有效去除几乎所有的重金属、有机污染物、余氯、细菌、病毒、铁锈和泥沙，且净水器距离水龙头管路较短，无二次污染，安全健康。

2.经济实惠

节水是净水器的一大特色，且很多净水器拥有微废水技术，节水性能大幅提高，排放废水少，饮水成本比桶装水低得多。

3.适用灵活

净水器的过滤精度可达到0.1μm，可以根据不同的地理环境选择过滤精度，可以滤除水中的铁锈、泥沙、细菌、余氯、农药及化工残留等有害物质，保护饮水者健康。

7.4.5 应用范围

（1）食品加工领域。包括冷饮食品、罐头、禽、畜肉类加工、蔬菜精加工等。

（2）食品制造业领域。包括白酒、啤酒、葡萄酒、碳酸饮料、茶饮料、乳制品、保健品等食品制造。

（3）电子工业领域。包括单晶硅半导体、集成电路块、液晶显示器等。

（4）医药领域。包括医药制剂、大输液、天然物质提取、中药次品等。

（5）生活饮用水。包括纯净水、矿泉水、山泉水、桶瓶装水，以及居民小区、宾馆、机场、学校、医院、部队、企事业单位等生活饮用水。

（6）工业生产领域。包括冲洗玻璃专用水、汽车、电镀超纯水、涂装、涂料、油漆、锅炉软化水等。

（7）海水淡化领域。包括海岛、船舰、盐碱地区生活饮用水制取。

（8）纺织造纸用水。包括印染用水、喷水织机用水、造纸白水等。

（9）精细化工领域。包括化妆品、洗涤剂、生物工程、基因工程等。

7.5 电热水器

7.5.1 概述

电热水器是指以电作为能源进行加热的热水器，电热水器是与燃气热水器、太阳能热水器相并列的三大热水器之一。电热水器按加热功率大小可分为储水式（又称储热式）、即热式、速热式三种。

储水式电热水器为最常用热水器；即热式电热水器在春、夏、秋3个季节可用即热模式，即开即热；速热式电热水器与储水式电热水器相比体积较小、功率大，在加热速度上比储水式电热水器快，但春、秋季都不能达到即热，需要预热等待。

7.5.2 工作原理

1. 储水式电热水器

储水式电热水器储满水后通电加热电热管，以对电热水器内胆中储存的水进行加热，当加热到所设定的温度时电路自动断开，电热管停止加热，整机处于保温状态。当内胆中储存水的水温降低到某一温度时，电热管再次通电加热，这种状态循环往复，以便电热水器始终有热水可用。储水式电热水器工作原理如图7-5所示。

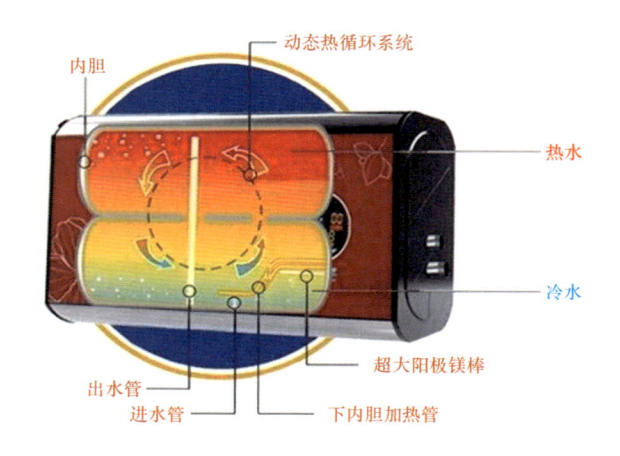

图 7-5　储水式电热水器工作原理

2.即热式电热水器

即热式电热水器是通过电子加热元器件来快速加热流水的，并且能通过电路控制水温、流速、功率等，使水温达到适合人体洗浴的温度。即开即热，无需等待，通常在数秒内可以启动加热。即热式电热水器工作原理如图 7-6 所示。

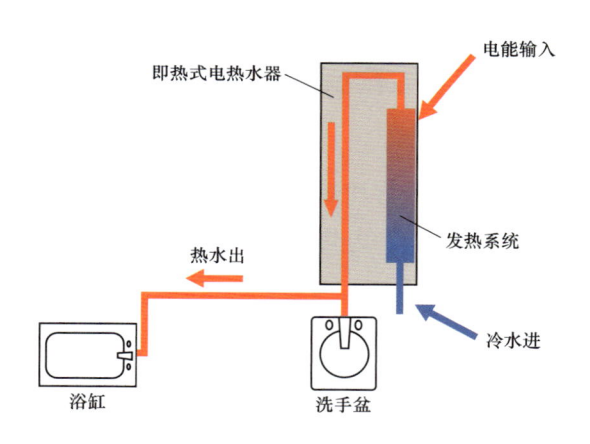

图 7-6　即热式电热水器工作原理

3.速热式电热水器

速热式电热水器采用一种特殊的绝缘玻璃材料制成的管路，并在管路上镀了一层高效率的发热材料，做到水电分离，热水器通电后水在管内流动，通过电磁感应原理进行加热，热量经玻璃管传递给水。速热式电热水器的工作原理与储水式电热水器相似，即通过电热转换将发热管内的水加热，但速热式电热水器发热管的功率更大，足够热的发热丝加热少量的水即可达到即热效果。速热式电热水器工作原理如图 7-7 所示。

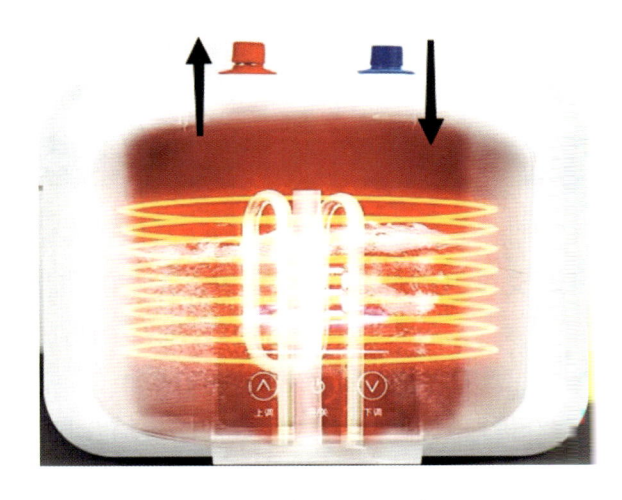

图 7-7 速热式电热水器工作原理

7.5.3 构成

电热水器一般由加热元件、温度控制器、内胆、限压阀、剩余电流动作保护装置等构成。

（1）加热元件。储水式电热水器的加热元件通常是电热管，整个加热元件浸在水里，热效率高。

（2）温度控制器。温度控制器的主要作用是通过感知水箱里面水的温度实时控制加热元件对水进行加热，从而保持水箱里面水的温度始终保持在设定温度。

（3）内胆。储水式电热水器的内胆通常采用不锈钢或者钢板复合材料等。

（4）限压阀。主要功能是保证内胆的压力始终处在安全的范围内。

（5）剩余电流动作保护装置。主要是为了防止漏电对人造成伤害。

7.5.4 特点

1. 安全环保

电热水器主要利用电能，比燃气热水器更加安全，不会发生二氧化碳和有害气体中毒、爆炸等危险，有剩余电流动作保护功能，可以保障后续安全使用，且无有害气体排放，非常环保。

2. 便于安装

电热水器不仅外观精致，方便安装，而且施工简单。

3. 使用方便

电热水器一年四季都能正常使用，不受天气影响，即开即用，使用方便，即使气温较低的冬季也不会因温度低影响使用效果。

7.5.5 应用范围

电热水器一般适用于家庭、酒店、商用、洗浴应急、工厂宿舍等场所。

7.6 智能家居系统

7.6.1 概述

智能家居系统是利用先进的计算机技术、网络通信技术、智能云端控制技术、综合布线技术、医疗电子技术，依照人体工程学原理，融合个性需求，将与家居生活有关的各个子系统，如安防、灯光控制、窗帘控制、煤气阀控制、信息家电、地板采暖、健康保健、卫生防疫等有机地结合在一起，通过网络化综合智能控制和管理，实现"以人为本"的全新家居生活体验的系统。

7.6.2 工作原理

智能家居系统是以住宅为平台，家居电器及家电设备为主要控制对象，利用综合布线技术、网络通信技术、安全防范技术、自动控制技术、音视频技术将家居生活有关的设施进行高效集成，构建高效的住宅设施与家庭日程事务的控制管理系统，提升家居智能、安全、便利、舒适，并实现环保节能的综合智能家居网络控制系统平台。智能家居系统是智能家居的核心，是智能家居控制功能实现的基础。智能家居系统原理如图7-8所示。

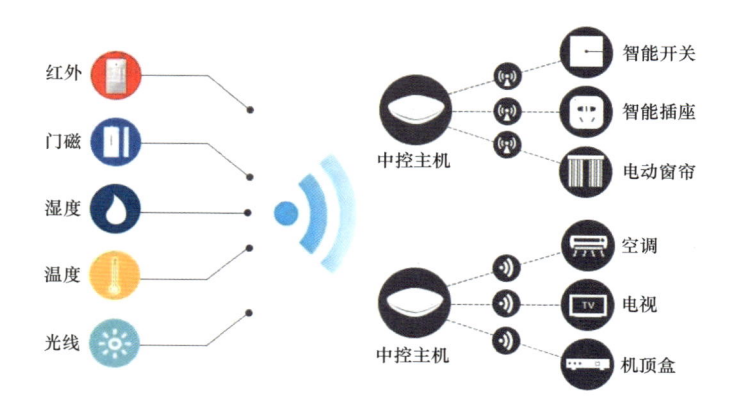

图 7-8 智能家居系统原理

7.6.3 构成

智能家居系统由家居布线系统、家庭网络系统、智能家居（中央）控制管理系统、家居照明控制系统、家庭安防系统、背景音乐系统（如TVC平板音响）、家庭影院与多媒体系统、家庭环境控制系统八大系统构成。其中，智能家居（中央）控制管理系统（包括数据安全管理系统）、家居照明控制系统、家庭安防系统是必备系统，家居布线系统、家庭网络系统、背景音乐系统、家庭影院与多媒体系统、家庭环境控制系统为可选系统。

7.6.4 特点

1. 系统构成灵活

总体来看，智能家居系统是由各个子系统通过网络通信系统组合而成的。使用者可以根据自己的需求减少或者增加子系统。

2. 操作管理便捷

智能家居系统控制的所有设备可以通过手机、平板电脑、触控屏等人机接口进行操作，使用方便。

3. 场景控制功能丰富

可以设置各种控制模式，如离家模式、回家模式、下雨模式、生日模式、宴会模式、节能模式等，极大地满足生活品质需求。

4. 信息资源共享

可以将家里的温度、湿度、干燥度发布到网上，形成区域性环境监测点，为环境的监测提供有效有价值的信息。

5. 安装、调试方便

即插即用，可以使用无线的方式快速部署系统。

7.6.5 应用范围

既可以应用在单个住宅中的智能家居中，也可以应用于社区、酒店、办公、医疗等领域中实施的基于物联网云平台的智能家居项目；既能够成为智能小区的一部分，也可以选择独立安装。

8 电蓄冷空调

8.1 概述

蓄冷空调是一种储能装置，空调制冷设备利用夜间低谷时段制冷，将冷量以冷、冷水或凝固状相变材料的形式储存起来，而在空调高峰负荷时段部分或全部地利用储存的冷量向空调系统供冷，以达到减少制冷设备安装容量、降低运行费用和电力负荷削峰填谷的目的。

由于工业发展和人民物质文化生活水平的提高，空调的普及率逐年增长，电力消耗增长迅速，高峰电力紧张且得不到充分应用。因此，转移高峰电力需求，削峰填谷，平衡电力供应，提高电能的有效利用成为急需解决的问题。"分时电价"政策推动了使用离峰电力的积极性，使离峰蓄冷技术得到重视和发展，其中蓄热和蓄冷在空调系统中应用较多，但蓄冷空调技术相对比较成熟，蓄冷空调作为其中的重要部件，越来越引起人们的重视。

8.2 工作原理

蓄冷空调的蓄冷方式有两种，一种是显热蓄冷，即蓄冷介质的状态不改变，降低其温度蓄存冷量；另一种是潜热蓄冷，即蓄冷介质的温度不变、状态变化，释放相变潜热蓄存冷量。根据蓄冷介质的不同，常用蓄冷系统又可分为3种基本类型。第一类是水蓄冷，即以水作为蓄冷介质的蓄冷系统；第二类是冰蓄冷，即以冰作为蓄冷介质的蓄冷系统；第三类是共晶盐蓄冷，即以共晶盐作为蓄冷介质的蓄冷系统。水蓄冷属于显热蓄冷，冰蓄冷和共晶盐蓄冷属于潜热蓄冷。水的热容量较大，冰的相变潜热很高，

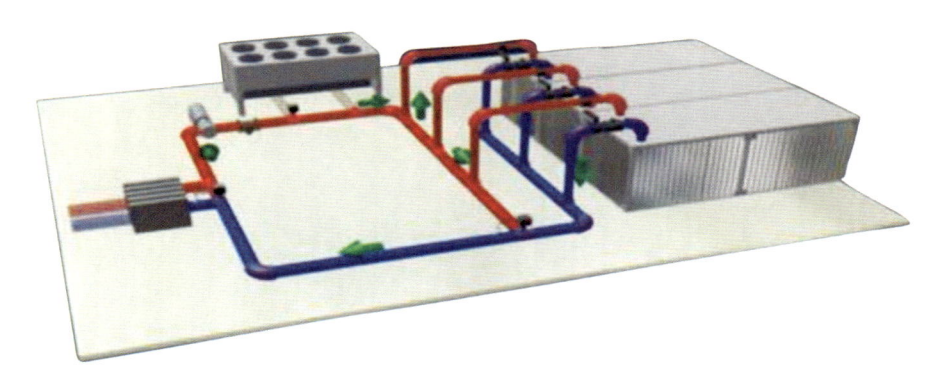

图 8-1 蓄冷空调工作示意图

而且都是易于获得和廉价的物质，是采用最多的蓄冷介质，因此水蓄冷和冰蓄冷是应用最广的两种蓄冷系统。蓄冷空调工作示意图如图8-1所示。

8.3 构成

（1）冰盘管式系统。冰盘管式系统又称冷媒盘管式和外融冰，也称直接蒸发式蓄冷系统，其制冷系统的蒸发器直接放入蓄冷槽内，冰冻结在蒸发器盘管上。融冰过程中，冰由外向内融化，温度较高的冷冻水回水与冰直接接触，可以在较短的时间内制出大量的低温冷冻水，出水温度与要求的融冰时间长短有关。这种系统特别适合于短时间内要求冷量大、温度低的场所，如工业加工过程及低温送风空调系统。

（2）内融冰式冰蓄冷系统。该系统是将冷水机组制出的低温乙二醇水溶液（二次冷媒）送入蓄冰槽（桶）中的塑料管或金属管内，使管外的水结成冰，蓄冰槽可以将90%以上的水冻结成冰。融冰时从空调负荷端流回的温度较高的乙二醇水溶液进入蓄冰槽，流过塑料或金属盘管内，将管外的冰融化，乙二醇水溶液温度下降，再被抽回到空调负荷端使用。

（3）动态制冰系统。该系统是以制冰机作为制冷设备，以保温的槽体作为蓄冷设备，制冷机安装在蓄冰槽上方，在若干块平行板内通入制冷剂作为蒸发器。循环水泵不断将蓄冰槽中的水抽出送到蒸发器的上方喷洒而下，在平板状蒸发器表面结成一层薄冰，待冰层达到一定厚度时，制冰设备中的四通换向阀切换，使压缩机的排气直接进入蒸发器而加热板面，使冰脱落。通过反复的制冰和收冰，蓄冷槽的蓄冰率可以达到40%~50%。

（4）水蓄冷系统。水蓄冷是利用水的显热容量蓄冷，需要较大体积的蓄冷槽。采用标准型制冷机，价格便宜、运行效率高，不需要特殊设备。蓄冷槽可分为温度分层式、隔膜式、多槽式及迷宫式等形式。采用直接供冷时，蓄冷槽的供冷温度为4~7℃；采用间接供冷时，蓄冷槽的供冷温度为5~9℃。蓄冷容量随供回水温差而增大，为减少蓄冷槽体积，宜采用较大供回水温差（7~11℃），选择末端空调设备时，应考虑空调系统回水温度较高时的影响。蓄冷空调外形如图8-2所示。

8.4 特点

（1）蓄冷密度大，蓄冷设备占地小，这对在高层建筑中设置蓄冷空调是一个相对有利的条件。

（2）蓄冷温度低，蓄冷设备内外温差大，由于其外表面积远小于水蓄冷设备的外表面积，因此散热器损失也很低，蓄冷效率高。

图 8-2 蓄冷空调外形

（3）可提供低温冷冻水，构建成低温送风系统，使得水泵和风机的容量减少，同时也相应地减少了管路直径，有利于降低蓄冷空调的造价。

（4）融冰能力强，停电时可作为应急冷源。

（5）电蓄冷空调可执行分时电价政策，有利于电网发展。

8.5 应用范围

蓄冷空调主要应用于写字楼、宾馆、饭店；机场、候车室、商场、超市；体育馆、展览馆、影剧院、医院；化工石油、制药业、食品加工业、精密电子仪器业、啤酒工业、奶制品工业。如现有空调系统能力已不能满足负荷需求，需要扩大供冷量，可以不增加主机，改造成蓄冷系统。

9 电动汽车充电桩及换电站

9.1 概述

随着环境保护和能源安全问题日益严重，新能源汽车及其相关产业发展也日益壮大。利用电能驱动汽车，可以有效降低汽车尾气排放和汽油消耗，进而有效解决能源短缺的问题。为进一步推广电动汽车的使用，电动汽车充电桩和换电站的建设便越发紧迫。

9.2 工作原理

电动汽车需要电动机来驱动，而电动机的驱动电能来源于车载可充电蓄电池或其他能量储存装置。大部分车辆直接采用电动机驱动，有一部分采用把电动机装在发动机舱内，也有一部分直接以车轮作为四台电动机的转子，但其难点在于电力储存技术。电动机的驱动电能，本身不排放污染大气的有害气体，即使按所耗电量换算为发电厂的排放，除硫和微粒外，相比普通汽车，其污染物也显著减少。

电动汽车还可以充分利用晚间用电低谷时段充电，充分利用发电设备，使经济效益最大化，这些优点使电动汽车的研究和应用成为汽车工业的一个"热点"。

电动汽车具有较好的去硫化效果，可先对电池激活，然后进行维护式快速充电，具有定时、充满报警、电脑快充、密码控制、自识别电压、多重保护、四路输出等功能。此外，其还配套万能输出接口，可对所有的电动车快速充电。

9.3 构成

1. 电动汽车充电桩

（1）按技术类型分类。

1）交流充电桩。由电网提供220V或380V交流电源，经过车载充电装置的滤波、整流和保护等功能，实现对电动汽车蓄电池的充电过程。这种充电方法充电时间较长、充电功率较小，适合小型纯电动车和混合动力运行的汽车。

2）直流充电桩。采用直流充电，这种充电方式是由地面提供直流电源，直接为车上的蓄电池进行充电，省去了车载充电装置，有利于减轻车身自重。地面充电机一般功率较大，能实现快速充电，适合电动公交车等大型电动汽车。

充电桩常规充电模式和适用范围见表9-1。

表 9-1 充电桩常规充电模式和适用范围

序号	充电模式	额定电压	额定电流	适用场所	应用范围
1	将电动汽车连接到交流电网时使用已标准化的插座，并使用相线、中性线和地线，额定电压和电流符合标准要求	单相220V AC	16A	家用	以充电桩为主
2	将电动汽车连接到交流电网时使用了特定的供电设备。根据额定电压分三种方式，额定电压和电流符合标准要求	单相220V AC 单相380V AC 单相380V AC	32A 32A 63A	商场、停车场等	充电桩、充电站
3	用非车载充电机将电动汽车和交流电网间接连接。最大供应电流和电压符合标准要求	600V DC	300A	高速公路服务区、充电站等	大型充电站

（2）按安装方式分类。

1）立式充电桩。立式充电桩无需靠墙，适用于户外停车位或小区停车位，立式充电桩价格偏高，而且占用空间较大，但充电功率较高，一般安装在四周空旷的停车场中。

2）壁挂式充电桩。壁挂式充电柱必须依靠墙体固定，适用于室内和地下停车位。壁挂式充电桩的优势就是节省空间、价格偏低，但必须安装在可以布线的墙壁上，并且其充电功率相对于立式充电桩较低，一般适用于家用。

电动汽车及充电桩如图9-1所示。

图 9-1 电动汽车及充电桩

（3）按通信方式分类。

由于充电桩属于配电网侧，其通信方式往往和配电网自动化一起综合考虑。通信是配电网自动化的一个重点和难点，区域不同、条件不同，可应用的通信方式也不同，具体到电动汽车充电桩，其通信方式主要有有线方式和无线方式2种。

1）有线方式。有线方式主要有有线以太网（RJ-45、光纤）、工业串行总线（RS-485、RS-232、CAN总线）。有线以太网的主要优点是数据传输可靠、网络容量大，缺点是布线复杂、扩展性差、施工成本高、灵活性差；工业串行总线的优点是数据传输可靠、设计简单，缺点是布网复杂、扩展性差、施工成本高、灵活性差、通信容量低。

2）无线方式。无线方式主要采用移动运营商的移动数据接入业务，如GRPS、EVDO、CDMA等。首先，采用移动运营商的移动数据业务需要将电动汽车充电桩这一电网内部设备接入移动运营商的移动数据网络，需要支付昂贵的月租和年费，随着充电桩数量的增加费用将越来越大，且数据的安全性和网络的可靠性也受到移动运营商的限制，不利于设备的安全运行。其次，移动运营商的移动接入带宽属于共享带宽，当局部区域有大量设备接入时，其接入的可靠性和每个用户的平均带宽会恶化，不利于充电桩群的密集接入、大数据量的数据传输。

2. 换电站

电动汽车充换电站和汽车加油站类似，是一种"加电"的设备，可以快速地给电动汽车充换电。充换电站以标准电池模块充换为核心，以整车快速补电为辅。每个充换电站考虑近期和远景，分别配置多组电池，设置多个换车工位、若干个整车充电位和若干个充电桩。

由于公交车行驶路线相对固定，因此可选取线路首末端相对集中的公交停车场、公交枢站建设充换电站，采用"换电为主、插充为辅"的电动汽车电能供给模式。其充换电站的充电模式和充电桩的充电模式一致，但换电过程则是通过换电机器人将充好电的电池换到电动汽车上，并将电量耗尽的电池换到电池架上充电。公交车充换电站的优点在于换电较充电而言，大幅度降低了汽车等待的时间，不影响原有的使用习惯，而且有利于电池的维护、保养；缺点在于换电较充电而言成本过高。

9.4 特点

（1）**保护环境**。电动汽车采用动力电池组及电机驱动动力，工作时无尾气排放，绿色环保。且电动汽车运行过程中产生的噪声几乎可以忽略不计。

（2）**削峰填谷**。电动汽车使用成本低廉，且能量转换效率高，同时可回收制动、下坡时的能量，有效提高了能量的利用效率。在夜间利用电网的低谷时段进行充电，起到平抑电网的峰谷差作用。

（3）维护方便。 电动汽车采用电动机及电池驱动，无需传统发动机繁琐的养护项目，如更换机油、滤芯、皮带等。电动汽车只需定期检查电机电池等组件即可。

（4）享受政府补贴。 政府补贴高，免征购置税等政策上的优势较为明显。

9.5 应用范围

根据充电桩的安装应用范围可将其分为公共充电柱和专用充电柱。公共充电柱是建设在公共停车场（库），为社会车辆提供公共充电服务的充电柱；专用充电桩是建设单位（企业）自有停车场（库），为单位（企业）内部人员使用的充电桩，以及建设的个人自有车位（库），为私人用户提供充电的充电桩。充电桩通常结合停车场（库）的停车位建设。

充换电站具有充电地点固定、充电时间集中、充电负荷功率大等特点，接入中低压配电网后，还会对配电网的电能质量和经济性产生影响。根据服务车辆种类的不同，电动汽车充换电站的结构组成有所不同，常规为私家车充电的普通充换电站一般只配备充电机，慢充时间约达8h，快充时间约0.5h；为公交车、出租车等公共交通车辆服务的换电站，由于采用相同的车型和电池规格，除了配备大功率集中充电箱，还配有更换电池的装置，提高了充电效率，节省了充电时间。

从电动汽车的普及现状来看，电动汽车在公共交通服务车辆中的比例较高，而在私家车中所占比例较小。因此，具有更换电池装置的充换电站在市场中有较大的应用前景，而国内充换电站的服务对象均以电动公交车为主。

案例篇

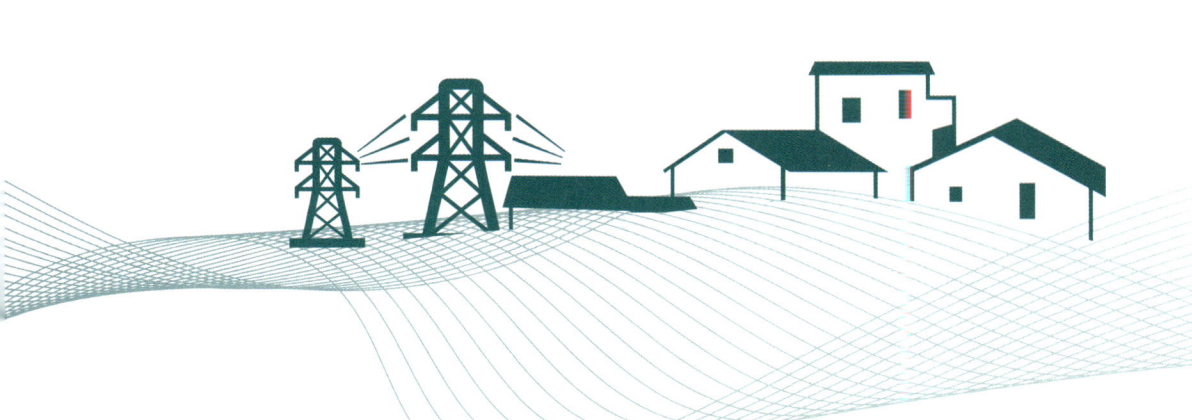

案例篇

10 典型案例分析

案例一 农业智能大棚

一、项目概况

某县智能大棚分两期建设,一期项目已经投产,占地面积约200亩,由政府投资1500万元,丰码科技(南京)有限公司筹资1000万建设,二期项目暂未开工,预计占地面积约300亩,由政府投资2000万元。智能大棚外观如图10-1所示。

图10-1 智能大棚外观

二、技术方案

(一)传统方案分析

该县供电公司主动对接客户,积极了解客户技术用能现状和改进需求,根据行业特点,推介电动卷帘、智能化滴灌、电动放风、智能补光等技术以增加产值,并协同客户编制改造方案。

1. 人工卷帘

人工卷帘费时费力,且成本大,卷帘不及时对棚内作物光照影响较大,放帘不及时对棚内保温影响较大。

2. 人工放风

放风会直接影响作物的生长情况,放风不及时会造成作物缺氧,日积月累会对作物造成不可逆的损伤，直接影响作物产量，同时人工成本高，工作劳累。

3.传统排灌

传统灌溉通常采取挖沟渠或采用硬塑料管引水的方式对农作物进行浇灌。漫灌方式简单，资金投入较少，但浪费土地及水资源，人工成本较大。

综上所述，人工成本是大棚种植的重要支出，但人工实施卷帘、放风、灌溉对作物生长影响较大，直接影响作物产量。

（二）改造方案概述

智能大棚项目主要由一套自动控制系统整体控制，该系统包括自动卷帘机、自动放风机、补光灯、排灌设备、智能传感器和智能决策系统。采用智能大棚可节省劳动成本，提高棚内作物产量，减少人工费用支出。

三、项目实施及运营

（一）项目投资建设情况

一期项目智能大棚项目主要由一套自动控制系统整体控制，该系统包括自动卷帘机、自动放风机、补光灯、排灌设备、智能传感器和智能决策系统，总造价约500万元，大棚预计年收益1000万元。该智能大棚的管理模式为政府派出一人、丰码科技（南京）有限公司派出一人共同管理。一期项目已投入使用，由企业自主维护。

（二）项目实施流程

项目实施流程如图10-2所示。

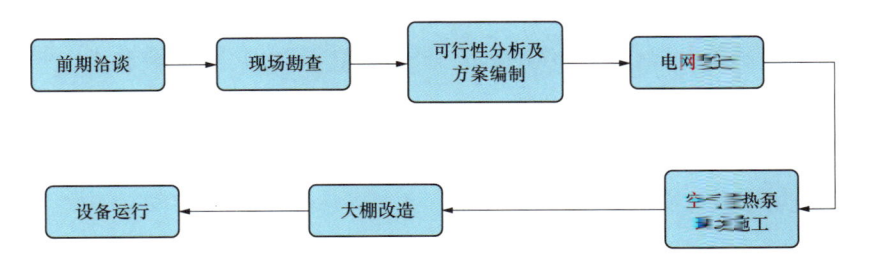

图10-2 项目实施流程

四、项目效益

（一）经济效益分析

以番茄种植为例，相较传统非智能大棚，该智能大棚的优势是节省水、药物、肥料和人工，年收益率较传统非智能大棚预计约高出30%。智能大棚与传统种植经济效益对比见表10-1。

表 10-1　智能大棚与传统种植经济效益对比

经济效益指标	传统种植	智能大棚
产量（kg）	6000	7800
销售价格（元/kg）	5	5
产值（万元）	3	3.9
人工成本（万元）	0.6	0.1
设备维护（万元）	0.1	0.05
设备投入（万元）	0.5	1.67
总收入（万元）	1.8	2.08

注　以亩为单位。

（二）社会效益分析

客户通过实施智能大棚技术，有效推动种植业结构调整，促进了种植基地绿色农业又快又好发展，为引导全县乃至全市的农业建设和发展起到了良好的示范和带动效应，成功带动种植亩产增收 2000 元，社会效益显著。

五、推广建议

（一）经验总结

1. 项目主要亮点

供电公司创新提出农业生产领域电能替代推广的"五化"发展模式（涉及标准化、用电规范化、服务一体化、设备智能化、光电一体化），全面助推乡村农业发展。智能大棚技术发展成熟，运行安全可靠，使用方便，节能环保，无污染排放，可在农业种植电能替代应用中大力普及。

2. 注意事项及完善建议

（1）注意事项。智能大棚技术对电网可依赖程度高，需要依托周边良好的农村配网条件，否则将增加客户工程初期投资成本。

（2）完善建议。该项目后期可委托电工公司代理维护，同时项目企业可加装分布式光伏发电设备，采用"自发自用、余量上网"的方式进一步降低企业用能成本。

（二）推广建议

大力宣传智能技术优势，争取政策优惠、开辟绿色通道，做好优质服务。智能大棚技术成熟，可组合一起推广，能够满足蔬菜、瓜果等产品从育苗到成品不同阶段的湿度及光照需要，适用于农村农业大棚蔬菜、瓜果、花卉等种植户，具有良好的推广价值。

案例二　农业大棚电保温技术应用

一、项目基本情况

某农业开发有限公司是一家集蔬菜种植、储存、销售业务一体的现代化农业企业，位于张家口市崇礼区，其有大棚彩椒基地460亩、草莓种植基地10亩。该公司原反季节大棚使用小型煤炉进行供暖，供暖效率低、作物生长缓慢，且燃煤严重污染室内作业环境，影响工作人员健康。

二、技术方案

（一）方案比较

供电公司主动对接客户，积极了解客户技术用能现状和改进需求，根据行业特点，推介电保温、电动施肥（水肥一体化系统）等技术替代传统取暖以增加产值，并协同客户编制改造方案。

1. 燃煤加热取暖

燃煤加热取暖技术成熟，但其运行费用、人工成本高，环境温度不易控制，工作环境脏乱差，且会造成环境污染。

2. 沼气加热取暖

沼气加热取暖可循环利用废弃物，技术相对成熟，但其运行费用、人工成本高，安全系数低，后期维护难度大。

3. 天然气锅炉取暖

天然气锅炉取暖技术相对成熟，温度易控制，但其与沼气加热取暖相同，存在运行费用、人工成本高，安全系数低，后期维护难度大等问题。

4. 电保温技术

电保温技术以电为能源，零排放、无污染，自动化程度高、温度易控制，且安装简单、运行费用较低，但其对电网可靠性依赖较高，对设备线路要求高。

综上所述，相比于其他保温技术，电保温技术更稳定、安全，可避免污染物排放，有效改善工作环境，且运行费用及人力成本较低。电保温技术适用于农业大棚保温领域，可满足企业需求，同时也可大幅提升作物产量及经济利润。

(二)方案概述

该项目使用踢脚线电暖器为大棚供暖,并运用有机水肥一体化技术提高水肥施放效率。

1. 大棚电保温技术

采用智能化温度控制系统,通过智能算法实现温度控制。温度传感器将实时采集的温度传送给控制柜,控制柜通过调节电暖器的工作时长及功率实现温度控制。控制柜支持自动、手动两种模式,能够实时显示当前温度等信息。大棚智能化温度控制系统如图10-3所示。

(a)

(b)

图10-3 大棚智能化温度控制系统

(a)手机端应用;(b)智能大屏显示

电暖器内部为合金发热体,外壳采用优质钢板,控制器为全新代自动变频控制器,可通过编程实现自动变换功率,达到防冻的效果。

2. 有机水肥一体化技术

有机水肥一体化技术可以利用实时自动采集的作物生长环境参数,通过计算机控制,将水肥按比例混合后滴灌到5~25cm深土壤层,减少堵塞和表层蒸发、提高水肥利用率。有机水肥一体化设备如图10-4所示。

图10-4 有机水肥一体化设备

三、项目实施及运营

（一）项目建设情况和投资模式

该公司自主融资40万余元，购置配套电暖器112组、有机水肥一体化设备1套及其他配套设施。该项目已投入运营，且由该公司自主经营和维护。

（二）项目实施流程

项目实施流程如图10-5所示。

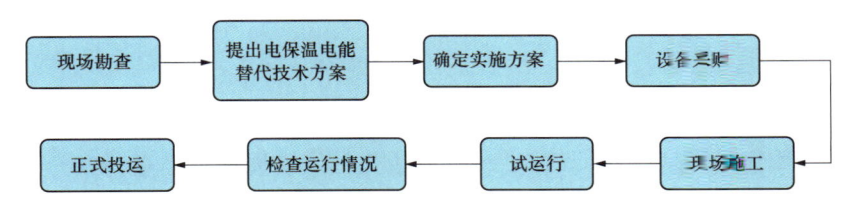

图10-5　项目实施流程

四、项目效益

（一）经济效益分析

以草莓种植为例，采用电保温技术、温室电补光技术后，温室大棚种植草莓从一年两茬延伸到一年三茬，每亩增产200kg。传统种植与改良种植经济效益对比见表10-2。

表10-2　传统种植与改良种植经济效益对比

经济效益指标	传统种植	改良种植
产量（kg）	2000×2=4000	（2000+200）×3=6600
销售价格（元/kg）	100	100
产值（万元）	40	66
人工成本（万元）	3	1
设备维护（万元）	0.1	0.5
设备投入（万元）	0.5	10
总收入（万元）	36.4	54.5

注　以亩为单位。

（二）环境效益分析

项目实施电能替代后，该企业每年可节约燃煤36t，减少CO_2排放量64.09t、SO_2排放量1.93t、NO_2排放量0.96t、烟尘排放量17.49t，相当于少砍伐树木350棵，环境效益显著。

（三）社会效益分析

客户通过实施大棚电供暖、温室补光、有机水肥一体化等技术，有效推动了种植业结构调整，促进了城郊和城镇园区绿色农业又快又好发展，为引导全村乃至全县的农业建设和发展起到了良好的示范和带动效应，成功带动村民人均增收1500元，社会效益显著。

五、推广建议

（一）经验总结

1. 项目主要亮点

供电公司创新提出农业生产领域电能替代推广的"五化"发展模式，全面助推乡村农业发展。大棚电保温技术、有机水肥一体化技术发展成熟，运行安全可靠，使用方便，节能环保，无污染排放，可在农业种植电能替代应用中大力普及。

2. 注意事项及完善建议

（1）注意事项。大棚电保温技术对电网依赖程度高，需要依托周边良好的农村配网条件，否则将增加客户工程初期投资成本。

（2）完善建议。该项目后期可委托电力公司代理维护，同时项目企业可加装分布式光伏发电设备，采用"自发自用、余量上网"的方式进一步降低企业用能成本。

（二）推广建议

大力宣传大棚电保温替代技术优势，争取政策优惠、开辟绿色通道，做好优质服务。大棚电保温技术与电补光技术成熟，可组合一起推广，能够满足蔬菜、瓜果等产品从育苗到成品不同阶段的温度、湿度及光照需要，适用于农村农业大棚蔬菜、瓜果、花卉等种植用户，具有良好的推广价值。

案例三　蔬菜大棚电水暖保温及电动卷帘机组合技术应用

一、项目基本情况

某农产品农民专业合作社占地面积50亩，有温室蔬菜育苗日光温室15栋，建筑面积2.016万 m^2，项目于2017年10月建成。

原采用燃煤锅炉加热水循环的方式对大棚进行供暖保温，每年需使用燃煤400t，仅燃煤成本达25万元/年，运行成本高，温度控制困难，且对环境污染较大。另外，合作社收放保温卷帘采用人力手工的方式，人力成本较高，采光调节也较困难。

二、技术方案

(一)方案比较

供电公司主动对接客户,向客户介绍电水暖保温及电动卷帘机组合技术,为客户解决生产经营问题。

1.煤加热取暖及人力手工卷帘

煤加热取暖技术及人力手工卷帘技术成熟,但需人工操作,人工成本高、劳动量大;棚内温度不好控制,光照调节费时费力,育苗成功率较低,影响植物生长。此外,煤炭燃烧还会造成环境污染,不环保。

2.电水暖保温及电动卷帘机

电水暖保温及电动卷帘机以电为能源,零排放、无污染;自动化程度高,操作简便,温度易控制,有利于育苗成功率;安装简单,寿命长,运行费用及维修费用低,但对电网可靠性依赖较高。

综上所述,电水暖保温及电动卷帘机的组合使用可实现智能控制,有效保证棚内温度恒定,延长棚内有效光照时长,提高育苗成功率。其具有安装简单、运行费用较低的优点,可有效减小劳动强度,缩短劳动时间,提高劳动效率;不产生CO_2等污染排放物,绿色环保。改造方案安装设备如图10-6所示。

(二)实施方案

电水暖保温设备与电动卷帘机组合使用,利用电能加热、收卷保温卷帘。采用电脑控制、调节每个大棚的温度和光照时间,从而保证大棚温度恒定。此项目包含电保温设备5套,每套设备可管理3栋棚室,15栋棚室各安装电动卷帘机1台,替代设备总功率349kW。此项目有效避免了老式燃煤加热技术温控能力不足和环境污染问题。

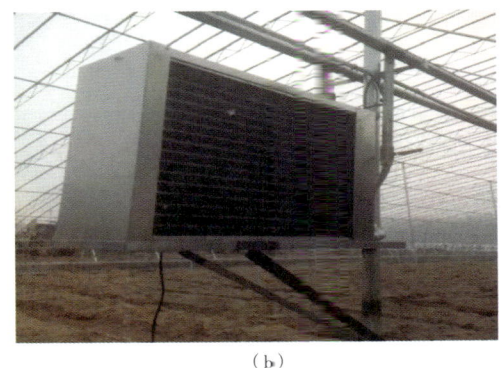

图10-6 改造方案安装设备(一)

(a)电水暖保温设备;(b)棚内散热设备

(c) (d)

图 10-6 改造方案安装设备（二）
(c)轨道式卷帘机；(d)支架式卷帘机

三、项目实施及运营

（一）投资模式及项目建设情况

合作社通过自身筹资的方式，完成了配套电网设备及配电设施的改造，项目总投资 70 万元。该项目已投入运营，由企业自主经营和维护。

（二）项目实施流程

项目实施流程如图 10-7 所示。

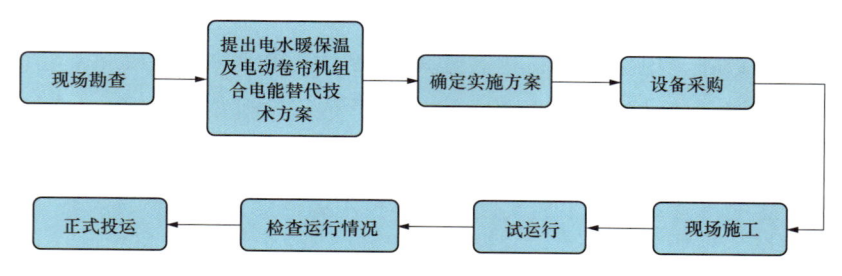

现场勘查 → 提出电水暖保温及电动卷帘机组合电能替代技术方案 → 确定实施方案 → 设备采购 → 现场施工 → 试运行 → 检查运行情况 → 正式投运

图 10-7 项目实施流程

四、项目效益

（一）经济效益分析

该项目于 2017 年 10 月投运，年用电量 24.36 万 kW·h，年电费 12 万元。每年可减少燃煤 400t、减少燃煤费用 25 万元，为企业节约成本 13 万元，同时每年节省人工成本 4 万元。预计五年可收回全部的设备投资。

使用电水暖保温及电动卷帘机后，可根据生产情况、天气情况，调节棚内的温度、光照、湿度，有效防止低温冻害，每天可延长大棚的有效光照 1h，提高了大棚内种植作物的产量和品质，产量增长 10%~15%，增加了大棚的种植效益。另外，晚上大棚采暖的需求较高，还可以利用低谷电价进一步降低电费成本，经济效益非常明显。传统方案与改造方案经济效益对比见表10-3。

表 10-3　传统方案与改造方案经济效益对比

单位：万元

经济效益指标	电水暖保温及电动卷帘机组合	燃煤锅炉	节约成本
企业销售收入	245	200	45
设备维护	0.2	0.5	0.3
原料成本	90	80	-10
人工成本	16（8人）	20（10人以上）	4
用能成本	12（电24.36万kW·h）	25（燃煤400t）	13
蔬菜病害	8（坏损率8%）	10（坏损率10%）	2
环保罚款/赔偿	0	5	5
税前利润	118.8	59.5	59.3

（二）环境效益分析

项目实施电能替代后，每年可在用能终端节约燃煤400t，减少CO_2排放量712.16t、SO_2排放量21.43t、NO_2排放量10.71t、烟尘排放量194.29t，相当于减少砍伐树木3.9万棵，环境效益显著。

（三）社会效益分析

电能替代项目实施后节约了人工成本，缩短了劳动时间，降低了劳动强度。

电水暖保温及电动卷帘机组合不仅能确保大棚蔬菜的稳产高产，而且可以大幅度降低农药用量，为生产无公害蔬菜创造条件。

五、推广建议

（一）经验总结

1.项目主要亮点

电水暖保温解除了大棚取暖受暖气片的限制，提高了冬季大棚温室的供暖效果，降低大棚内湿度，实现了温室大棚冬季取暖的全新变革。

电动卷帘机改变了传统人工卷帘操作的方法，并较传统方式效率提升十几倍，缩短了卷、放保温卷帘所消耗的时间，延长了光照时间，大大提升了劳动效率和经济效益。

2. 注意事项及完善建议

电水暖保温及电卷帘机组合技术方案对电网可靠性依赖程度高，需要依托周边良好的农村配电网条件，否则客户工程建设成本较高。

（二）推广策略建议

随着环境保护政策越来越严格，国内种植业自动化程度也在不断提高，种植业电能替代势在必行。电水暖保温技术成熟，不仅适用于大棚温室还适用于温室养殖、工业厂房、公共场所、展览馆、生态园、餐厅、民用家庭采暖等场所，具有良好的推广价值。电动卷帘机广泛适用于蔬菜、花卉、苗木、果树、食用菌等植物种植大棚。供电公司应加强技术指导，鼓励农民使用先进农业机械，加快农业现代化进程。

案例四　中药种植智能微灌技术应用

一、项目基本情况

某农业开发有限公司位于秦皇岛市抚宁区，报装容量100kV·A，占地面积1400亩，总建筑面积5000m^2。该公司主要从事野生药材采集、药材良种繁育、中药种植、初加工、技术咨询服务，以及购销及中药材出口业务。

二、技术方案

（一）方案比较

供电公司主动了解传统中草药生产管理模式及客户困扰，并推介基于微灌的智能化种植技术，帮助客户分忧解难。

1. 传统漫灌

传统漫灌通常采取挖沟渠或采用硬塑料管引水的方式对农作物进行浇灌。漫灌方式简单，资金投入较少，但浪费土地及水资源，且人工投入成本较大。

2. 智能微灌技术

智能微灌技术通过自动检测设备，对土壤水分、温湿度等进行长期在线监测，不受地形限制，并按照农作物需水要求，通过管道系统将水以较小的流量均匀地直接输送到作物根部附近的土壤表面，从而实现局部灌溉。智能微灌技术可控制湿润深度，消除深层渗漏，防止地下水位上升和次生盐碱化，保护土壤环境，且可有效节水，避免资源浪费。此外，智能化的操作还可解放劳动力，提高工作效率，降低人工成本。

综上所述，智能微灌技术在降低人工成本、保护生态环境方面优势显著，可满足客户的需求。

（二）实施方案

智能微灌技术可使植物根部保持最佳水分状态。还可通过自动监测设备对土壤水分、温度、光照、CO_2含量等进行24h采集和记录，并通过智能检测模块上传至云服务平台，工作人员通过手机或PC端即可实现在线监测。此外，工作人员可以通过手机或PC端的控制功能，设定监测、数据发送频率及预警阈值，智能监测模块自动识别，在灾害发生前触发警报，并发送信息至工作人员，便于灾害前管控，避免灾害造成的损失。智能微灌监测系统原理如图10-8所示。

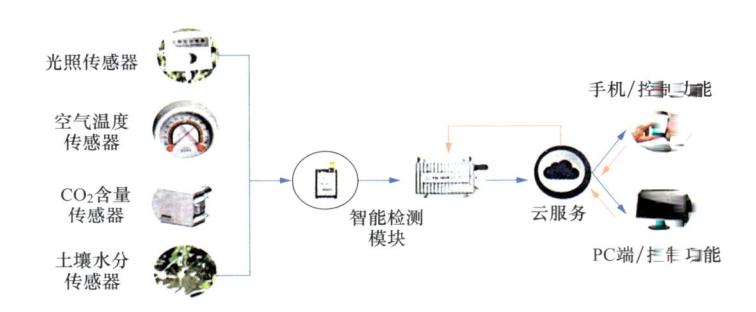

图10-8　智能微灌监测系统原理

三、项目实施及运营

（一）投资模式及项目建设情况

企业通过农业低息贷款，自主融资1200万元。该项目已投入运营，由企业自主维护。基地建设情况如图10-9所示。

(a)　　　　　　　　　　(b)

图10-9　基地建设情况

（a）中药种植基地；（b）智能监测基地

（二）项目实施流程

项目实施流程如图10-10所示。

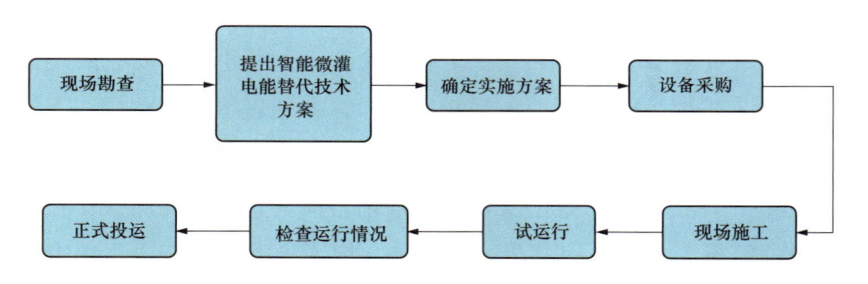

图10-10 项目实施流程

四、效益分析

（一）经济效益分析

该企业中药材智能微灌项目于2016年10月投运，年电能替代量为30万kW·h，年电费约20万元，每年可节约水资源300t，节省费用30万元，为企业节约成本10万元。实施电能替代后，采用计算机自动化控制，提升了成品率，每年可节约人力成本35万元。通过实施电能替代改造，企业年增税前利润1014万元，同比增长66.14%，经济效益比对见表10-4。

表10-4 经济效益比对

单位：万元

经济效益指标	智能微灌	漫灌	节约成本/利润增加
企业销售收入	3000	2000	1000
设备维护	18	12	-6
原料成本	405	380	-25
人工成本	10	45	35
用能成本	20	30	10
税前利润	2547	1533	1014

（二）社会效益

采用智能微灌技术后企业年营业额增加到3000多万元，中药材年销售量达1300t，基地发展带动本地区中药材种植户600多户增加了收入，人均增收4000余元，辐射3个县区、17个乡镇、56个自然村、31个贫困村，解决就业岗位200多个。作为中药材现代化生产管理的示范项目，该项目调配技术人员开展技术服务带动周边群众，提高产业标准化水平，对地区相关领域客户起到了积极的带动引领作用。该企业预计继续投资建设一批种苗选育基地、良种配送基地，为产业发展奠定基础。

五、推广建议

（一）经验总结

1. 项目主要亮点

供电公司加强农业生产领域电能替代技术"互联网+"模式的研究探索，通过加快农业转型升级，借助各类先进的电能替代技术，集思广益，共商推动中药材特色产业转型提升的新理念、新路径，实现信息化、智能化、网络化与农业产业深度融合，有力推动地区种植业转型提升、快速发展。在供电公司的推动下，基地规模迅速扩展，品牌竞争力逐步增强，产品质量得到整体提升。

2. 注意事项及完善建议

供电公司应主动关注客户的生产改造需求与供电现状情况，为客户提出合理先进的用电方案，后期进一步关注其他农业生产领域特色技术推广，简化办电流程，有效缩短客户办理业扩增容业务时间。

（二）推广策略建议

中草药作物具有经济价值高、生产利润大的特点，但对水、光等外在环境的要求较高，能够精细控制的智能微灌技术对经济作物种植有较好的适用性。供电公司应积极争取政策优惠，开辟"绿色通道"，再结合各地产业特点，在适宜中草药、山葡萄、食用菌生长的特色地区，推广微灌、喷灌技术，以品质提升换取更大价值。

案例五　奶牛自动化养殖技术应用

一、项目基本情况

某牧场项目位于内蒙古自治区呼伦贝尔市阿荣旗那吉屯，占地面积1778.2亩，总投资约5.38亿元，规划养殖奶牛1.2万头，其中成母牛7200头，后备牛3480头，犊牛1320头，其中基础母牛全部为进口荷斯坦奶牛。

该牧场全部采用自动化养殖技术，从养殖到产奶实现全部自动化，降低了运营成本，保障了奶牛产奶率及卫生标准。

二、技术方案

（一）技术方案比较

1. 人工养殖技术

人工奶牛养殖包括草料收割、喂食、人工挤奶、人工清理粪便和冲刷给奶牛降温等。人工养殖不仅浪费劳动力，使工作人员存在安全隐患，还存在奶源卫生把关不严。此外，由于牛粪便污染大，易造成传染病，可能会给企业带来经济损失。

2. 自动化养殖技术

自动化养殖技术包括自动投喂草料、自动挤奶、粪便清理、自动喷淋、消毒等。实施自动化养殖技术前期成本投入较高，但解放了劳动力，缩短了工作时间，保护了工作人员安全，避免了繁琐的管理。自动机械化工作干净卫生，可降低奶牛患病率，提高牛奶品质，但自动化设备对电网依赖性较高。

综上所述，自动化养殖技术的应用降低了人工成本、劳动强度，减轻了管理的烦琐程度，在确保工作人员安全的同时又有效地清理了粪便，保护了环境和奶牛的安全，降低了奶牛的患病率。自动化养殖可有效满足客户需求，得到了客户认可。

（二）实施方案

1. 自动化投喂设备

该养殖场采用全自动化养殖技术，自动化投喂减少了草料二次污染，自动化放牧节省劳动力，使奶牛产奶率提高。自动化喂食设备如图10-11所示。

图10-11　自动化喂食设备

图10-12　自动化挤奶设备

2. 自动化挤奶设备

采用电动并列式挤奶机，提高奶牛舒适度，牛群进场顺畅。挤奶完毕后，颈栏在4s内全部抬起，台上的奶牛可以快速放出，极大地提高了奶牛流动效率。挤奶员行走距离近，可以同时照顾多头奶牛，提高了劳动效率。

电动并列式挤奶机可保持挤奶台面卫生，开阔操作空间，便于观察，保证了挤奶员的安全。使用电动并列式挤奶机可有效避免鲜奶与外界的接触，使细菌含量下降80%~90%。电动挤奶可以降低奶牛乳房疾病，且有效预防奶牛疾病的发生。此外，由于电动挤奶均匀流畅，能够彻底挤净乳池中的余奶，使乳房的排乳效果更好，提高奶牛产奶量。自动化挤奶设备如图10-12所示。

3. 自动清粪机

自动清粪机由两个主刮粪板和两个侧副刮板组成，中间装有牵引驱动装置。当主刮粪板被链条向前拉动时，两边的副刮板将打开接触到牛床边缘和饲料挡墙，将粪污推至粪池中。相反方向运行时，清粪机将处于空载状态，副刮板向内折叠，主刮板向反方向倾倒，通过滚轮滚动滑行。当自动清粪机返回到起始位置时，副刮板重新打开，进入下一个清粪过程。自动清粪机如图10-13所示。

4. 感应式自动喷淋装置

感应式自动喷淋装置使一定大小的水珠均匀地淋在奶牛身体上，水珠会穿透牛毛，湿透牛体皮肤，然后停止喷淋。运行的风扇在下一次喷淋前吹干牛体皮肤，吹干过程中水的挥发带走牛体的大量热量，从而达到降温效果。如此循环，可达到防暑降温的目的。感应式自动喷淋装置在奶牛走到喷淋头下方时，自动对经过的每头奶牛实施喷淋降温，智能化程度高，方便快捷。感应式自动喷淋装置如图10-14所示。

图10-13 自动清粪机　　　　　图10-14 感应式自动喷淋装置

三、项目实施及运营

（一）投资模式及项目建设情况

企业自主投资53830万元建造牛舍、牧场、挤奶厅、奶牛及配套设施。由110kV变电站、2条10kV专线供电，合同容量7330kV·A。该项目最大用电负荷3200kW，主要用电设施为牛舍、奶牛挤奶设施和环保设施。该项目已投入运营，由企业自主经营和维护。

（二）项目实施流程

项目实施流程如图10-15所示。

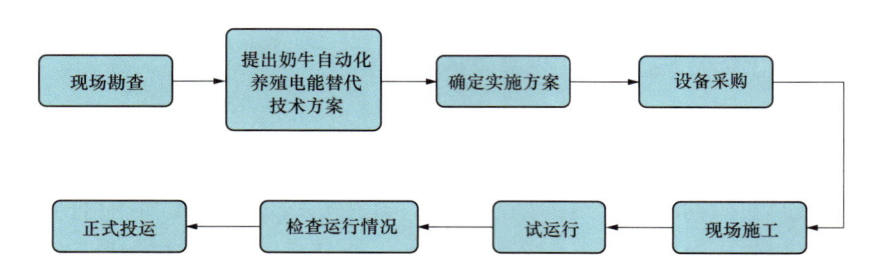

图10-15 项目实施流程

四、项目效益

（一）经济效益分析

该项目于2020年12月开始投运，年电能替代量1400万kW·h。传统人工挤奶的劳动量占奶牛养殖整个工作量的60%，应用自动化养殖可减省劳动量75%左右。传统人工挤奶每人只能管理5~8头奶牛，全自动挤奶可实现每人管理30~60头奶牛，挤奶效率是人工挤奶的6~8倍，同时还可以有效避免鲜奶与外界接触，在灭菌环节减少成本30%~40%。经济效益对比见表10-5。

表10-5 经济效益对比

单位：万元

经济效益指标	人工挤奶	电动挤奶	节约成本/利润增加
设备维护	0	40	-40
设备折旧摊销	0	28	-28
人工成本	648[10人×3000元/（月·人）×12月]	108[30人×3000元/（月·人）×12月]	540
用能成本	2（电4万kW·h）	44.38（电91.2万kW·h）	-42.38

（二）社会效益分析

通过自动化养殖技术，既减少了CO_2的排放和牛粪对环境的污染，又提高了劳动效率，降低劳动强度，节约人工成本，避免了烦琐的管理，社会效益突出。

五、推广建议

（一）经验总结

通过政策引导企业养殖自动化，减少大气污染与固态废料排放。充分考虑客户用电需求与实际生产情况，进行周密严谨的现场勘查，主动为客户提供合理的电能替代改造建议，制定完善的项目技术方案，同时为电能替代客户提供专用"绿色通道"，提供方便快捷的业扩报装办电流程。

（二）推广策略建议

在牲畜养殖行业进行电能替代既能减少大气污染，又能解放劳动力，减少企业人工成本，同时自动化养殖技术增强了产奶品质，做到养殖环节可控，产奶优质卫生，应与政府合作加大宣传力度，倡导自动化养殖技术实施。

案例六　水产养殖电动增氧及自动喂食技术应用

一、项目概况

某养殖场位于唐山市分南区黑沿子镇黑北村，占地面积150亩，是当地最大规模的水产养殖企业之一，主要养殖鲤鱼、草鱼、鲫鱼、鲢鱼等。

该渔场从事渔业养殖，原主要使用柴油机进行鱼食投喂及人工增氧，共使用柴油机15台，每台价格2500～3500元，平均年运行时间为300h，年能源消耗费用为16.8万元。

二、技术方案

（一）方案比较

1. 柴油机增氧及柴油机喂食技术

柴油机增氧及柴油机喂食技术采用柴油机驱动工作部件，可操作性强，柴油可实现随用随加，但鱼池活性低、放养密度低，人工成本及用能成本高，柴油机工作产生废气会造成环境污染。

2. 电动增氧及自动喂食技术

电动增氧及自动喂食技术以电动机作为动力源驱动工作部件，利用全自动电脑数字化控制投喂箱，自动化程度高，电能使用方便，稳定性高，耗能成本低，但其对电网可靠性依赖较高。

综上所述，电动增氧及自动喂食技术自动化程度高，使用方便，节约人力资源；喂食更精准，水质条件更优，有利于鱼类生长，且电能绿色环保，不会造成污染，使用能成本降低，得到了客户认同。

（二）实施方案

1. 电动增氧技术

电动增氧技术通过电动机作为动力源驱动工作部件，使空气中的氧迅速转移到养殖水体中。电动增氧技术综合利用物理、化学和生物等功能，不但能解决池塘养殖中因为缺氧而产生的鱼浮头的问题，而且可以消除有害气体，促进水体对流交换，改善水质条件，降低饲料系数，提高鱼池活性和初级生产率，从而提高放养密度，增加养殖对象的摄食强度，促进鱼类生长，使产量大幅度提高，充分达到养殖增收的目的。同时电动增氧技术对电网可靠性依赖较强，相对于柴油机增氧技术更加安全、经济、环保，实现经济效益和社会效益双赢。电动增氧设备如图10-16所示。

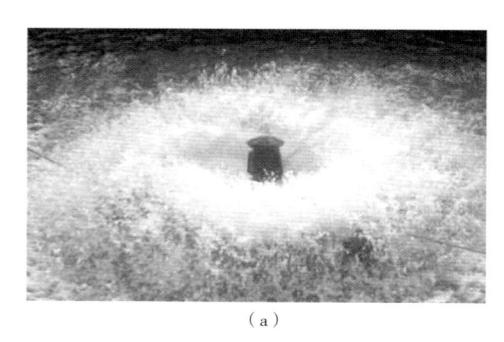

图10-16 电动增氧设备

（a）设备外形；（b）设备工作情况

2. 自动喂食机

自动喂食机是应用于水产养殖业中自动喂食的主要设备。自动喂食机工作时由电动机带动接料斗、抛料盘等将鱼食饲料定向投入鱼池，饲料呈扇形散落鱼池中。自动喂食机可根据鱼体大小、数量和饲料质量，通过调整手柄控制落料量，自动化程度较高，避免投料不够影响鱼类生长或投料过多引起的浪费饲料、加大成本等情况。自动喂食设备如图10-17所示。

三、项目实施及运营

（一）投资模式及项目建设情况

企业自主融资15万元，用于200kV·A变压器安装及自动喂食机、电动增氧设备

图 10-17 自动喂食设备

（a）投喂情况；（b）设备外形

采购，根据养殖需求自购自动喂食设备5台，以代替柴油机投喂鱼食；自购电动增氧机15台，以代替柴油机增氧方式。该项目已投入运营，由企业自主经营和维护。

（二）项目实施流程

项目实施流程如图10-18所示。

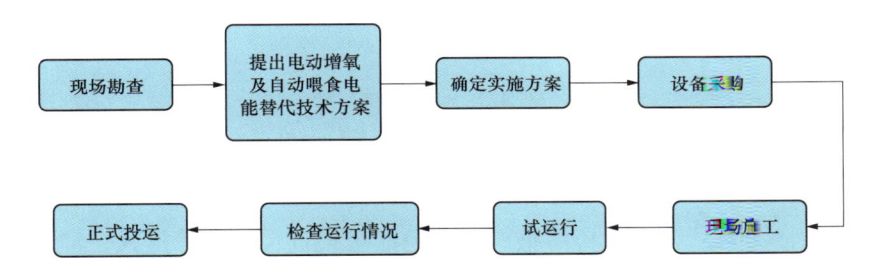

图 10-18 项目实施流程

四、项目效益

（一）经济效益分析

该项目于2018年7月9日投运，投运4个月以来用电总量为8.175万kW·h，总费用节约4万元；减少柴油消耗5.6万元，共节约成本1.6万元。使用电能替代技术后，鱼食投喂以及水体增氧更加安全、可靠、经济、环保、高效，育苗存活率由80%提升至95%，同时节约了人工成本。通过实施电能替代改造，企业年增税首利润174.8万元，同比增长40.44%。经济效益对比见表10-6。

表 10-6　经济效益对比

单位：万元

经济效益指标	电动增氧及自动喂食	柴油机增氧及喂食	节约成本/利润增加
企业销售收入	800	600	200
设备维护	1	3	2
原料成本	130	78	−52
人工成本	50（10人）	60（15人以上）	10
用能成本	12.0	16.8	4.8
环保罚款/赔偿	0	10	10
税前利润	607.0	432.2	174.8

（二）环境效益分析

项目实施电能替代后，4个月总用电量为8.175万kW·h，减少CO_2排放量81.5t、SO_2排放量2.45t、NO_x排放量1.23t、烟尘排放量22.2t，极大地体现了电能替代的环境效益。

五、推广建议

（一）经验总结

通过设立宣传点、张贴宣传海报、发放电能替代宣传资料等形式，向用电客户宣传讲解电能清洁、高效、便捷的优势，倡导农民群众使用电能，减少大气污染。

充分考虑客户用电需求与实际生产情况，进行周密严谨的现场勘查，主动为客户提供合理的电能替代改造建议，制定完善的项目技术方案，同时为电能替代客户提供专用"绿色通道"，提供方便快捷的业扩报装办电流程。

（二）推广策略建议

在水产养殖业进行电能替代既能减少大气污染，又能减少人工操作、增加企业利润，是现代化水产养殖技术的必然趋势。在沿海地区，可充分把握反季节养殖发展的契机，结合农村电网升级改造，加大电动增氧、自动喂食设备的推广力度。

案例七　集中新装小区全电化

一、项目基本情况

浙江杭州市某小区总占地面积为61万m^2，建筑面积26万m^2，容积率0.3。该小区为精装修楼盘，一期建设413套精装修别墅，二期建设390套精装修别墅。

国网浙江省电力公司杭州供电公司积极对接政府部门，及时收集房地产项目立项、小区定位等信息，主动介入开发前期工作，引导房地产开发商合理选择电气设备，增设公共充电桩。在小区立项、初设审查、工程建设等各个阶段，大力开展技术推介、经济对比等各项工作，成功协助该开发商选择地暖、生活热水二合一的空气源热泵系统、电动接驳车和其他智能化电气设备。

二、技术方案

（一）方案比较

1.电采暖经济比较

以该小区一套200m^2的别墅住宅工程为例，采用燃气地暖、空气源热泵电采暖、地源热泵电采暖三种方案，分别从投资成本、运行费用等方面进行比较和分析。

（1）燃气地暖。

1）项目投资成本方面。燃气供暖初期投资包括系统造价和设施配套费用，对于燃气供暖系统，初投资包括一台锅炉（作为热源）和室内系统，燃气地暖采用地面辐射式，一般用户造价为10万元，但燃气地暖还需单独装制冷空调。

2）运行费用方面。按一般测算规则，房间平均散热量为40W/m^2，锅炉热效率为92%，一个月实际需要消耗天然气1584m^3。以该项目所在地区天然气价格为3元/m^3计算，每月需燃气费4752元。冬季平均采暖时间为2个月，一个冬季采暖费用需9504元。

燃气地暖费用如图10-19所示。

（2）空气源热泵电采暖。

1）项目投资方面。以单户别墅为例，选用1匹低温三联供同出风的空气源热泵系统一套，整套机组造价约为12.3万元，单台制热功率34kW。

2）运行费用方面。假设采暖时间为2个月，根据实际运行情况，户均用电量为6000kW·h，电费按0.55元/（kW·h）计算，冬季运行费用约为6600元。

空气源热泵电采暖费用如图10-20所示。

燃气地暖
- 造价为10万元
- 房间平均散热量为40W/m²
- 锅炉热效率为92%
- 500m²月消耗天然气1584m³
- 天然气价格为3元/m³
- 每月需要燃气费4752元
- 冬季平均采暖时间为2个月
- 采暖费用9504元

图10-19 燃气地暖费用

空气源热泵电采暖
- 造价为12.3万元
- 单台制热功率34kW
- 冬季平均采暖时间为2个月
- 户均用电量为6000kW·h
- 电费为0.55元/(kW·h)
- 冬季运行费用约为6600元

图10-20 空气源热泵电采暖费用

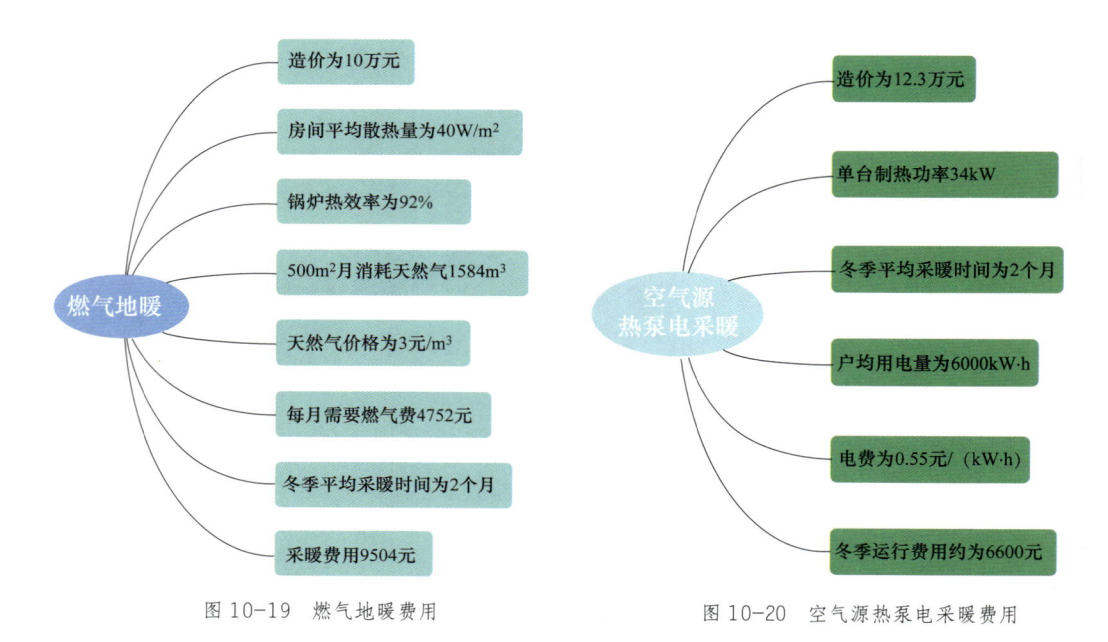

（3）地源热泵电采暖。

1）项目投资成本方面。地源热泵系统的初投资包括主机和地下埋管系统，主机造价按市场正常行情约为10.6万元，室内外埋管系统投资费用为4万元，初投资费用约为14.6万元。

2）运行费用方面。按地源热泵涡旋机组单台制冷功率为35kW，单台制热功率28kW计算，假设采暖时间为2个月，电费按0.55元/(kW·h)计算，冬季运行费用约9000元。

地源热泵电采暖费用如图10-21所示。

地源热泵电采暖
- 初投资14.6万元
- 单台制冷功率35kW
- 单台制热功率28kW
- 采暖时间为2个月
- 电费为0.55元/(kW·h)
- 冬季运行费用约为9000元

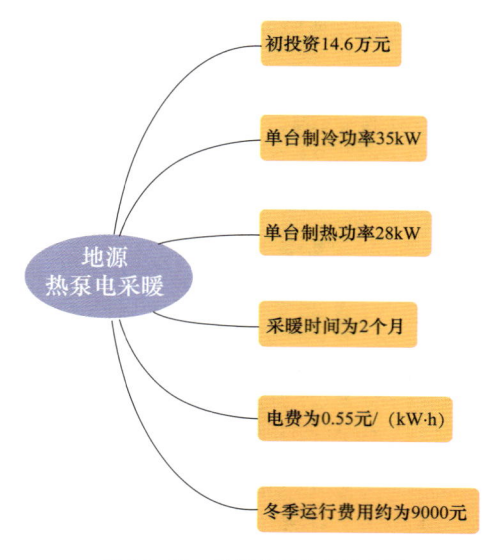

图10-21 地源热泵电采暖费用

（4）综合分析。

在经济性上，燃气地暖和空气源热泵电采暖的初期投入相差不多，但燃气地暖需要单独配置制冷空调，增加了初期投资，且日常使用成本高于空气源热泵电采暖。地源热泵电采暖投入高、使用费用高。

综上所述，空气源热泵电采暖总体投入费用、综合使用费用最小，经济性最高。

2. 电厨炊经济性比较

以烧开水为例，对电水壶、天然气、液化天然气烧开水进行对比，对比结果见表10-7，计算边界条件为起始水温20℃，烧一壶开水（2.2kg）。

表10-7 对比结果

名称	液化天然气烧开水	天然气烧开水	电水壶烧开水
所用能源	液化天然气	天然气	电
能源热值	4.61×10^7 J/kg	3.60×10^7 J/m³	3.60×10^6 J/(kW·h)
能源单价	7元/kg	3元/m³	0.538元/(kW·h)
能源利用率	40%	40%	95%
产生耗费用	0.28元	0.153元	116元 [高峰时段电价0.583元/(kW·h)，实际产生费用为0.122元/壶；低谷时段电价0.288元/(kW·h)，实际产生费用为0.062元/壶]

（二）实施方案

该小区实现了小区全电化，主要包括家庭电气化和公共设施电气化。用户采用具备中央空调系统、地暖系统、生活热水系统三合一功能的空气源热泵技术。以单户别墅为例，选用10匹低温三联供侧出风的空气源热泵系统1套，配套一系列智能化电气设备来提高业主生活的舒适性和便捷性。具体包括建设全电厨房，每个厨房配备电烤箱1台、电蒸箱1台、消毒柜1台、洗碗机1台、电压力锅和电饭锅等各1台；建设全电洗浴空间，配备吸顶式暖风换气二合一暖风机和水循环系统，全部大面积住宅中配备电动按摩浴缸。所有电气设备均可实现自动开关、定时工作等智能化功能。

三、项目实施及运营

（一）投资模式及项目建设情况

该项目的设备由开发商自主投资，配套电网部分由当地供电公司投资。该项目由开发商自主运营（后期将转移至物业公司）。

（二）项目实施流程

1. 市场调研

客户经理在房地产开发项目开工初期，对几家中高档小区进行实地调研，了解小区内用能结构、场地布置和客户需求，同时与政府职能部门对接居民电采暖、智能化电器推广的优惠政策，了解近年来杭州市气候特点并进行数据统计及预测分析，初步形成调研成果。

2. 数据分析

根据调研情况及数据统计结果，通过对比市面上现有的精装修方式，从经济性、环保性、高效性等多方面分析，选定国网浙江省电力公司杭州供电公司制定的全电化小区方案作为中高档小区独栋别墅的最优方案。

3. 上门推广

客户经理在与房地产开发商对接过程中，全方面介绍全电化小区方案及普通设备配置方案的优缺点，最终与该小区达成合作意向，并签订战略合作协议。

4. 采购安装

全电化小区所需电气设备由开发商统一为用户投资采购。设备采购到位后，由开发商统一安装调试。

5. 配电网投资

当地供电公司将电采暖负荷纳入输电线路规划、变电站规划、配电网提升规划，全面支撑居民电采暖负荷接入。

项目实施流程如图10-22所示。

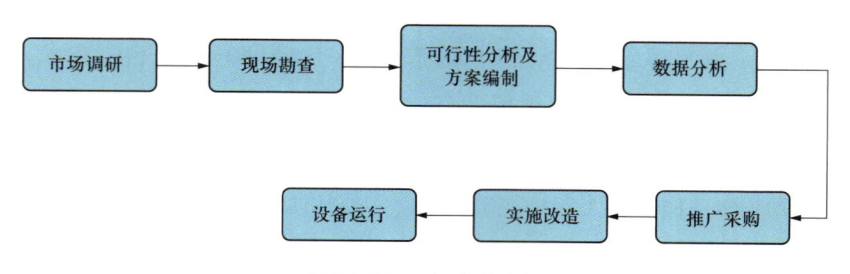

图 10-22 项目实施流程

四、项目效益

（一）经济效益分析

电采暖设备主要采用热泵技术，从能效水平看，相比传统的燃气采暖系统，空气源电热泵系统效率是燃气系统的3倍多。以100m²普通住宅地暖面积为例，空气源电热泵系统能耗远远低于燃气系统，采暖费用仅为燃气系统的1/3。

（二）社会效益分析

在环保方面，该小区全电化工程预计每年减少CO_2排放量10.275t，减少NO_x排放量2.036t，减少SO_2排放量0.57t，减少烟尘排放量0.255t，有效推进空气质量改善。

在安全方面，全电化小区避免燃气等易燃易爆危险源进入小区，大大降低了居民安全风险。

五、推广建议

（一）项目主要亮点

（1）通过宣传，主动引导客户形成良好的用能习惯。积极邀请媒体对电采暖的经济技术优势进行专题报道。

（2）提前介入、沟通引导客户。属地供电公司积极对接政府部门，及时收集房地产项目立项、小区定位等信息，在项目初设阶段，邀请电气设备供应商，主动介入房地产小区开发前期工作，从产品定位、技术特点、建设费用、运维成本、使用成效等方面进行对比分析，引导房地产开发商选择全电化小区方案。

（3）现场实测、有效比对。签订合作协议后，邀请相关技术人员，在样板房内开展数据实测工作，现场采集能耗、费用、温度、噪声等数据，并与同等面积普通精装修住宅进行对比分析，使全电化小区方案的经济优势更具说服力。

（二）注意事项及完善建议

该类项目推广需要跨部门联动，提供套餐式服务。由当地供电公司营销部门负责全电化小区方案的引导宣传、需求收集；运检部门合理规划输变配电设备容量、路径；设计、施工企业在客户委托的前提下，开辟绿色通道，延伸设计、施工范围。打造横跨营销、运检、设计、施工等部门的协同运作机制。

（三）推广策略建议

1.借助新型业务提供增值服务

对于签订了战略合作协议的房地产开发商，在其开发建设小区的公共区域时，由当地供电公司提供电工汽车充电桩建设服务，并配置"电力—社区"共建服务专员，充分提升小区品位、方便居民生活，使其成为公司新兴业务增长点。

2.充分利用推广渠道

一方面在营业厅摆设相关资料、设置电采暖体验专区，另一方面通过公司微信公众号、"网上国网""掌上电力"App等渠道推送专题报道。

案例八　全电化民宿

一、项目基本情况

浙江省海宁市某省级"美丽乡村"建设试点，总面积480亩，3个村民小组共计105户，此试点很好地保留了村庄的原生态面貌。

民宿多为个体户自行经营，农村地区的民宿，为了凸显农家乐趣，一般以土柴灶作为烹调工具，存在安全性差、环境污染严重、发热效率差等问题。一般采用壁挂式传统空调采暖，存在空气干燥、噪声大等情况。热水供应方式一般采用柴加热烧水或燃气热水器，存在安全隐患、环境污染等问题。

为助力全电景区建设，实现村庄景区化，国网浙江省电力有限公司海宁市供电公司对该村民宿进行了全电气化改造。为了更好地开展全电民宿推广，供电公司分析地方政府、村委会、农村居民、供电公司四方诉求，寻找项目替代动因契合点。利益相关方动因分析如图10-23所示。

利益相关方	动因
地方政府	美丽乡村建设受到一定制约
村委会	需要整治村中环境，减少消防安全隐患
农村居民	保留灶头意愿强烈
供电公司	需要推广清洁能源、增效扩供

图10-23　利益相关方动因分析

二、技术方案

（一）方案比较

1. 厨房炊具方案改造比较

客户经理以客户需求为导向，通过前期调研，结合现场实际情况，为使用土柴灶的用户列举了2个改造方案，即燃气灶和电土灶，并从优缺点、经济性、可靠性等多维度进行比较。燃气灶和电土灶多维度分析对比雷达图如图10-24所示。

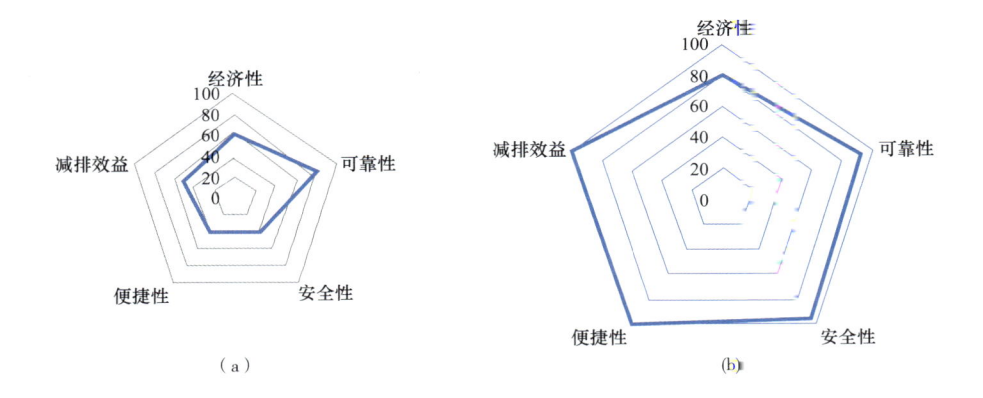

图 10-24　燃气灶和电土灶多维度分析对比雷达图

(a) 燃气灶；(b) 电土灶

从图 10-24 可以看出，燃气灶整体效益偏差，经济性、安全性、便捷性较差，可靠性相对较好，不推荐使用。电土灶整体效益平均，经济性、可靠性、安全性、便捷性、减排效益五个维度得分均较高且均衡，故最终改造方案确定为电土灶，实现"以电代柴"。

2. 室内采暖改造方案比较

为采用传统空调的客户提供了壁挂式燃气采暖和电墙暖2个改造方案，并从优缺点、经济性、可靠性等多维度进行比较，壁挂式电采暖和电墙暖多维度分析对比雷达图如图 10-25 所示。壁挂式燃气采暖和电墙暖对比见表 10-8。

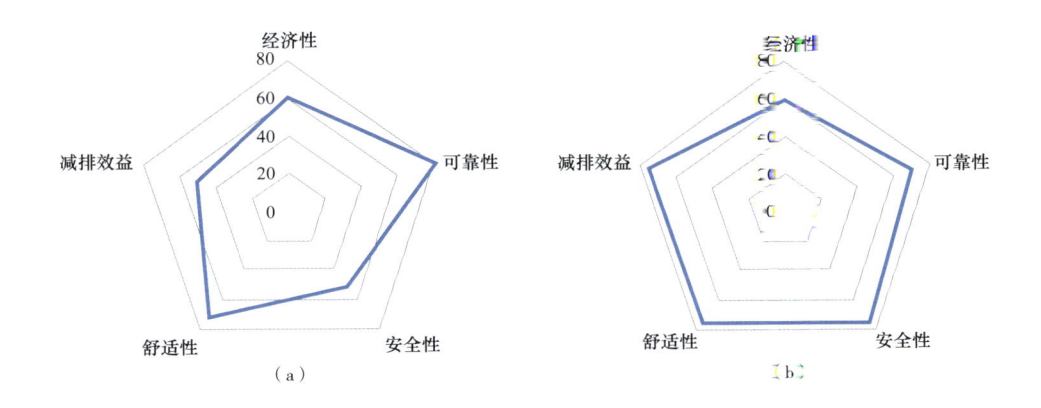

图 10-25　壁挂式电采暖和电墙暖多维度分析对比雷达图

(a) 壁挂式燃气采暖；(b) 电墙暖

85

表 10-8 壁挂式燃气采暖和电墙暖对比

类型	电锅炉暖气片	碳晶板（石墨烯）	电暖器（踢脚线）	燃气暖气片
户型	90m²	90m²	90m²	90m²
设备功率	8～9kW	8～9kW	约8kW	—
投资成本	约1.5万元	约0.75万元	约0.8万元	约1.5万元
运行时间	18:00～次日7:00	18:00～次日7:00	18:00～次日7:00	18:00～次日7:00
月采暖能耗	约2470kW·h	约1800kW·h	约1560kW·h	约300m³
平均能耗价格	峰谷电价［浙江省2018年居民第三档高峰电价为0.8680元/（kW·h），低谷电价为0.5880元/（kW·h）］			4.58元/m³（浙江省2018年居民第三档气价）
月费用	约1722元	约1260元	约1085元	约1400元

从图10-25、表10-8可看出，壁挂式电暖器整体效益一般，安全性、减排效益较差，可靠性相对较好，不推荐使用；电墙暖整体效益平均，经济性、可靠性、安全性、舒适性、减排效益五个维度得分均较高且均衡，最终客户采用电墙暖。

3. 热水供应改造方案

针对热水供应，提供了2个改造热水供应系统的方案，即燃气热水器和空气源热水器，并从优缺点、经济性、可靠性等多维度进行比较，燃气热水器和空气源热水器多维度分析对比雷达图如图10-26所示。燃气热水器和空气源热水器对比见表10-9。

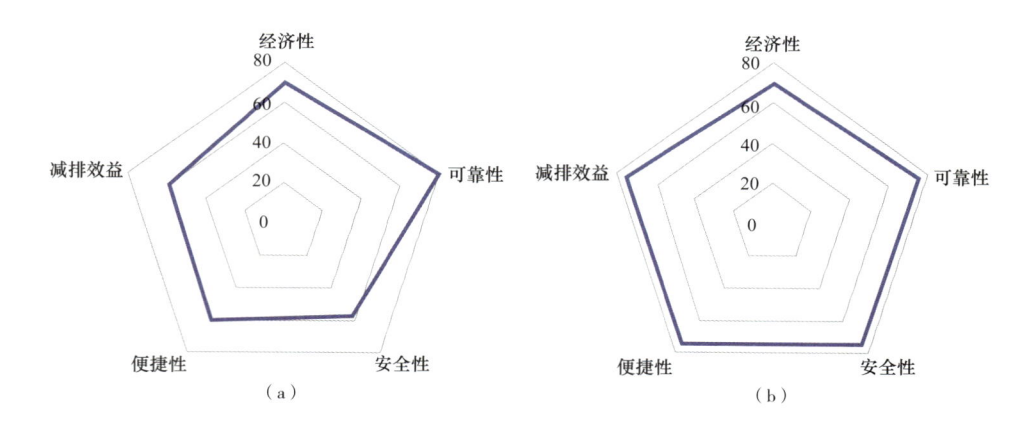

图 10-26 燃气热水器和空气源热水器多维度分析对比雷达图

（a）燃气热水器；（b）空气源热水器

表10-9 燃气热水器和空气源热水器对比

类型	燃气热水器	空气源热水器
使用能源	天然气	电＋空气热能
加热200L水（温度变化范围15~60℃）所需热量	3.35×10^7J	3.35×10^7J
耗能	1.24m^3	2.66kW·h
效率	90%	200%~400%
能源单价（居民第三阶梯）	4.58元/m^3	0.838元/(kW·h)
费用	5.68元	2.23元
安装条件	要通风好，使用时有废气回灌	橱柜、阳台、车库等多重选择
安全性能	有漏气、火灾、爆炸、废气回灌等安全隐患	水电完全分离，安全可靠

从图10-26、表10-9可以看出，燃气热水器整体效益较差，安全性、减排效益、便捷性较差，可靠性相对较好，不推荐使用；空气源热水器整体效益平均，经济性、可靠性、安全性、舒适性、减排效益五个维度得分均较高且均衡，最终客户采用空气源热水器供应热水。

（二）实施方案

1.厨房用能改造

将原有烧柴土灶通过对灶心加装电能装置的方式，变"土灶"为"电灶"。电土灶的控制面板拥有可控制火力、定时等功能，并安装了电源保护器。

2.客房采暖改造

客房按面积配置碳晶（石墨烯）墙暖，具有高效、稳定、节能、安全等特点，且没有噪声、不影响空气湿度，人体舒适感更强。

3.热水供应系统改造

采用空气源热泵热水器1台提供生活热水，不仅降低了客户的电费，还减少了污染物排放，更好地保护了民宿周边环境。

三、项目实施及运营

（一）投资模式及项目建设

该项目配套电网由供电公司负责投资建设，政府协调进行政策处理；配电设施改造及项目本体由客户投资。

供电公司由其集体企业作为技术支撑部门，通过"红船+综合能源服务"免费为业主方提供设备代运维、紧急故障抢修、电力义诊等服务，让业主方安全用电，用安全电。

（二）项目实施流程

当地供电公司打造"多方合作"的参与机制，以政府部门为主导、供电企业提供专业指导、村委会和村民合作参与，共同推动全电民宿改造项目。主要实施流程如下：

（1）对改造区域开展调研，调查区域内电网现状、电气化程度、民宿业主改造需求。

（2）开辟绿色通道，加快配套电网建设，主动做好用电服务指导，完成民宿电能改造工作全覆盖。

（3）延伸改造到其他领域，例如，电炒茶、电动汽车等再电气化改造，打造"全电乡村"。

四、经济效益分析

（一）经济效益分析

该项目依靠电力提供能源，对供电企业而言，可以增加售电量；对客户而言，一次投入不高，可以节约支出。经统计，共完成28户民宿全电化改造，36户民宿实现电采暖、电土灶部分改造，新增用电容量150kW，年替代电量7万kW·h。

（二）社会效益分析

环境方面，电能是绿色清洁能源，大大降低了CO_2、SO_2、的排放量。经测算，年减少CO_2排放量33.47t，既绿色环保，又美化居民环境，符合"美丽乡村"的要求。

安全方面，将传统土柴灶、空调更换成电土灶、电采暖等设施后，极大降低了木质结构房屋发生火灾的可能。

五、推广建议

（一）经验总结

1. 项目主要亮点

创新合作方式，建立项目投资方、地方政府、供电公司三方战略合作关系，共同推进项目建设。三方工作如下：

（1）项目投资方。落实项目所需设备建设资金；按节能要求设计技术方案、使用电器产品；负责项目建设施工队伍及施工管理。

（2）地方政府。提供该建设项目线路架设及变压器布置所需场地；监督项目投资方设计使用电气节能设备；在实施过程中，负责与项目投资方、供电公司进行协调。

（3）供电公司。按照规定具体办理项目建设过程中的相关手续；根据项目需要对相关电网设施进行改造升级（包括电力增容，进线电源、电缆铺设等工作）；协助进行综合能源管理，提供后续增值电力服务；施工过程中，及时与当地政府进行协调。

2. 注意事项及完善建议

项目实施前可考虑综合能源公司参与模式，采用综合能源公司提供相关电能替代改造设备、能源利用评估报告等方式，既缓解客户短期资金压力、保证项目进度，又拓展公司综合能源服务市场领域，助力公司向综合能源服务商战略转型。

（二）推广策略建议

美丽乡村示范区率先在嘉兴市内开展，建设以全电民宿改造项目为主要内容的"美丽乡村""清洁能源"示范工程，合力推进低消耗、低排放、低污染绿色美丽乡村建设，改善区域大气环境质量和村庄环境。对农户而言，一次投入不高，可以节约支出；对社会而言，减少污染物排放，达到清洁环保的目的，推广前景明朗，适用于大多数景区民宿。

案例九　热水小镇"电采暖"技术应用

一、项目基本情况

某小镇项目现有供暖面积52.65万 m²，小镇常住人口少，仅约1000人，由于冬季旅游业较萧条，很多大型酒店、洗浴中心等只在夏季运营，无冬季供暖需求，无供暖需求部分的面积为24.26万 m²。因此，小镇实际供暖面积为28.39万 m²。其中居民供暖面积18.72万 m²，非居民供暖面积9.67万 m²，采暖期195天；居民采暖收费为27.3元/m²，商业采暖收费为39.8元/m²，现采用一台40蒸吨热水锅炉供暖，设有换热站3座，一次网主管道为DN600，末端居民室内温度22℃。2019—2020年采暖季消耗煤量约2.2万 t。该项目拟采用电极锅炉水蓄热系统进行供暖。

二、技术方案比较

根据《城镇供热管网设计标准》（CJJ/T 34—2022）要求，热水开发区建筑面积

28.39万 m^2，供暖面积28.39万 m^2，经推测计算，热负荷为18169.60kW。采取供热锅炉为$2×19000$kW，总计38000kW，因设备容量较大，采取10kV接入，供电公司积极配合，申请4～6个10kV出口，直接供负荷，因主要变压器负荷受限，66kV申请新增50MV·A变压器。设备容量见表10-10。

表10-10 设备容量

序号	名称	数量	单台功率	使用功率	电压等级	备注
1	电极锅炉	2	19000kW	38000kW	10kV	—
2	锅炉配套辅机	2	100kW	200kW	380V	—
3	蓄热循环水泵	3	90kW	180kW	380V	二用一备
4	一次补水泵	2	4kW	4kW	380V	一用一备
5	供暖循环泵	3	110kW	220kW	380V	二用一备
6	补水泵	4	3kW	6kW	380V	二用二备
7	自控系统	1	40kW	40kW	380V	—
8	其他	1	40kW	40kW	380V	—
9	最大用电负荷	—	—	38690kW	10kV/380V	—

三、项目实施及运营

（一）投资模式及项目建设

该项目由政府出资打造亮点项目工程，且项目已投入运营，自主维护。

（二）项目实施流程

项目实施流程如图10-27所示。

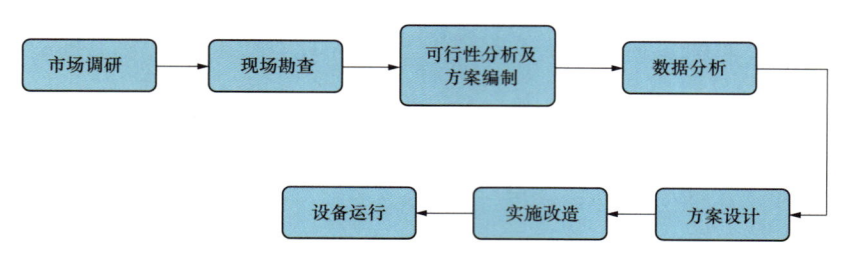

图10-27 项目实施流程

四、项目效益

（一）经济效益分析

该项目充分利用峰谷分时电价政策，通过采取应用蓄能电采暖设备、适当延长低谷时段用电、推行建立上网侧峰谷分时电价等措施，在国家电价政策允许范围内，依法合规降低电采暖电价水平，并协助政府合理确定居民区电采暖电量，争取电采暖电量执行居民第一档电价的政策，减轻居民"煤改电"取暖负担。

根据冬季供暖初期、中期和末期的气温变化规律，通过智能化自控系统对整个蓄热式供热系统进行合理调控，大大降低运行费用。

采暖周期为195天，电价低谷时段为21:00—次日6:00，一个采暖周期的运行费用包括锅炉、辅机设备等运行费用。锅炉运行费用、辅机设备运行费用、全年运行费用分别见表10-11～表10-13。

表10-11　锅炉运行费用

负荷	日用电量（kW·h）	天数	用电量（kW·h）	总用电量（kW·h）
100%负荷	333727.3469	78	26030733.06	
75%负荷	250295.5102	50	12514775.51	
50%负荷	166863.6735	29	4839046.531	46554964.9
25%负荷	83431.83673	38	3170409.796	
建筑面积（m²）			283900	
单位用电量（kW·h/m²）			163.98	
单位供暖费用（元/m²）			41.77	

表10-12　辅机设备运行费用

项目	天数	总用电量（kW·h）
辅机设备用电	195	1456650
供暖面积（m²）		283900
用电量（kW·h/m²）		5.13
单位供暖费用（元/m²）		2.44

表 10-13　全年运行费用

序号	项目名称	数量	单价[元/(kW·h)]	费用（元）
1	锅炉年用电	46554964.9kW·h	0.254713	11858154.77
2	辅机设备用电	1456650kW·h	0.4754	692491.41
3	设备保养及维修费	—	—	100000
4	人工费	4人	—	84000
5	合计费用			12734646.18
6	供暖费用			44.86元/m²

（二）环境效益分析

项目实施电能替代后，采用清洁取暖，年节省燃煤2.2万t，减少CO_2排放量5940t、SO_2排放量187t、NO_x排放量103.4t，减少烟尘排放量330t，极大地体现了电能替代的环境效益。

五、推广建议

（一）经验总结

电采暖的推广带来了显著的社会效益，通过政策引导清洁化采暖，可减少大气污染物与固态废料排放。

（二）推广策略建议

各级政府将推进北方清洁取暖，并将其作为治理大气污染及改变农村生活方式的重要措施。项目的实施落地，将全面引领城乡接合区供热企业运行经营。通过推动城乡接合区采取"电采暖"供热方式，深入挖掘能源大数据应用场景，可满足政府、企业、社会和居民电气化用电需求。

案例十　电厨炊改造

一、项目基本情况

兴安盟某小学共有师生130余人，属初等教育行业，执行居民生活电价。实施改造前学校使用柴油雾化炉做饭，污染物排放量大，由于该地区没有液化充气站，学校所需燃料主要依靠外地运输，安全性低，运输成本大。

为改善学生营养状况、提高学生健康水平、加快教育发展，政府大力推行义务教育阶段学生营养改善计划，并提供相应资金购置餐饮设备。为减少燃煤及柴油使用，降低废气、烟尘排放，提高学校能源使用过程中的安全性，当地供电公司积极推进实施电炊具改造工程，使留守儿童在干净亮堂、没有烟雾的食堂里吃饭，不用来回奔波，有更多的时间和精力学习。

二、技术方案

（一）方案比较

对燃气灶、柴油灶、电磁灶的各方面进行对比，燃气灶、柴油灶、电磁灶对比见表10-14。

表10-14　燃气灶、柴油灶、电磁灶对比

名称	燃气灶		柴油灶	电磁灶
	液化气	天然气		
所用能源	燃气	天然气	柴油	电
能源单价	7元/kg	4.5元/m³	7元/kg	0.538元/（kW·h）
能源利用率	30%		15%	90%
折算费用（元/h）	10.95	9	23.84	3.59

以一台灶一天有效利用4h计算，与瓶装液化天然气比较，用电磁灶可以节约5888元/年，一年就能收回投资成本。此外，电厨炊具有运行成本低、厨房更干净整洁、无油料及因燃料带来的污染、提高食品安全等优点。

（二）实施方案

该小学2016年实施电厨炊改造，共购置电炒锅（12kW）、电蒸箱（每台13kW）、消毒柜、冰箱、馒头机、压面机、和面机、切片机各1台。该项目前期配套电网部分共新建10kV线路0.75km，新增100kV配电变压器1台。

三、项目实施及运营

（一）投资模式及项目建设

该项目设备部分由学校申请费用一次性投入，投入资金约4.9万元。外部配电由供电公司投资，配套电网建设投资12.32万元。

（二）项目实施流程

项目实施流程如图10-28所示。

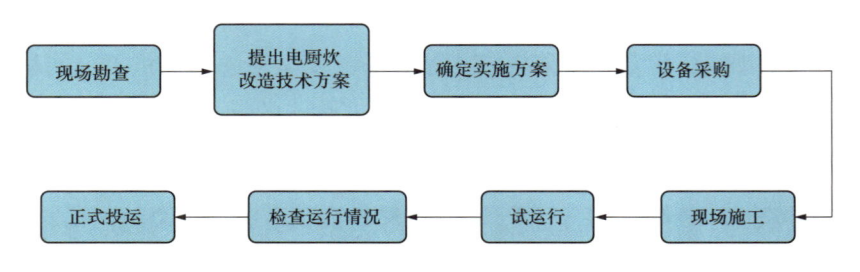

图10-28 项目实施流程

四、项目效益

（一）经济效益分析

改造前月均花费1500元用于购买柴油等燃料，改造后学校食堂每月电费支出900余元，节省燃料费用近半。

（二）社会效益分析

（1）环境方面。学校食堂在使用原有柴油灶的过程中造成大量污染气体排放，学校电厨炊改造项目实施后实现了"零排放"，大大提升了环保水平。

（2）安全方面。原有柴油灶存在引发火灾的可能，在学校这种人口密集区域，安全风险较大。在电厨炊改造项目实施后，供电公司对学校师生进行安全用电宣传，定期安排专人到现场进行用电检查，有效避免了火灾等不确定安全隐患。

（3）餐食品质。在政府用于学校营养餐经费不变的前提下提高了用于购买食材的费用，提高了伙食品质，改善了学生营养状况，提高了学生健康水平。

五、推广建议

（一）经验总结

1.项目主要亮点

营养餐工程是国家为改善学生营养状况、提高学生健康水平、加快教育发展、促进教育公平而大力推行的义务教育阶段学生营养改善计划。实施学校营养餐电厨炊改造项目具有投资小、见效快、"零排放"的优点，此改造项目配套的电网建设工程可以解决公用变压器出现重过载、低电压问题。

2.注意事项及完善建议

实施学校营养餐电厨炊改造项目需要结合所辖区域内的实际情况，工程配备的电厨炊数量多、功率大，使用时将会导致公用变压器出现重过载、低电压问题。因此，有必要实施配套电网建设工程，以满足电厨炊改造工程用电需求。

（二）推广策略建议

随着环境保护政策越来越严格，居民生活水平不断提高，居民生活相关领域的能源使用越来越偏向智能化、清洁化。电厨炊技术适用于居民生活相关领域，特别适用于实行居民电价的各类学校等，具有良好的推广价值。供电公司应加强技术指导，推介使用清洁化电厨炊，加快居民生活相关领域电气化进程。

案例十一　粮食烘干技术应用

一、项目基本情况

江苏某农业合作社是专业的粮食烘干中心，为周边村镇广大农民提供粮食集中烘干服务。该农业合作社原有燃煤粮食烘干设备6台，用电容量36kV·A，采用农业电价0.509元/（kW·h），用户采用400V低压供电，年烘干能力4000t，年用电量2.8万kW·h。该项目每天消耗燃煤7t，每年消耗燃煤350t，煤炭购买价格为900元/t，司炉工人工成本为200元/天。该农业合作社新建3台空气源热泵粮食电烘干设备，替代了原有的燃煤烘干设施，每台日烘干能力16t，设备总用电容量120kW。项目总投资40万元，于2017年4月建成，建设周期2个月。

2016年，国家八部委联合发布《关于推进电能替代的指导意见》（发改能源〔2016〕1054号），指出要在农业生产领域实现以电代煤，以电代油，推广粮食电烘干技术，实现煤炭消费总量负增长。2017年，该农业合作社被列为某市"两减六治三提升"燃煤综合治理用户，面临着燃煤设备关停和清洁能源改造的选择。

二、技术方案

（一）方案比较

各类型能源经济性理论比较见表10-15。

表10-15　各类型能源经济性理论比较

技术类型	空气源热泵	燃煤	燃油	生物质	天然气	纯电加热
能源类型	电能	煤炭	0号柴油	生物质燃料	天然气	电能

续表

技术类型	空气源热泵	燃煤	燃油	生物质	天然气	纯电加热
需要热量（万kcal）	20	20	20	20	20	20
能源热值	860 kcal/（kW·h）	5500 kcal/kg	10800 kcal/L	4500 kcal/kg	8500 kcal/m³	860 kcal/（kW·h）
热效率	300%以上	65%	85%	80%	90%	95%
能耗	70kW·h	55.9kg	21.8L	55.6kg	26.1m³	244.8kW·h
能源单价	0.499元/（kW·h）	0.9元/kg	5.8元/L	0.85元/kg	3.2元/m³	0.499元/（kW·h）
用能成本（元）	34.9	50.3	126.4	47.3	83.5元	122.2
人工费用（万元）	0	2	2	2	2	0

注 1 以1t粮食从30%含水率降至13.5%计算。

注 2 1cal=4.186J。

通过各类型能源经济性理论比较可以看出，空气源热泵在各类型烘干热源中的用能成本最低，具有显著的技术优势性。

（二）实施方案

该项目采用三套粮食热泵烘干设备，代替燃煤（油）热风炉产生热风，为粮食烘干塔提供热源，总用电功率120kW，通过农网低压接入。该机组采用电动机驱动，主要零部件包括用热侧换热设备、热源侧换热设备和压缩机等。该机组采用"逆卡诺循环"工作原理，将环境空气中的热量作为低温热源，经过冷凝器或蒸发器进行热交换来收集热量，然后通过循环系统，将热量转移到粮食烘干塔内，达到烘干粮食的目的。

三、项目实施及运营

（一）投资模式及项目建设情况

该项目采用合同能源管理模式，由该地区供电公司投资40万元用于设备购置和安装。合同期内，农业合作社和供电公司分享烘干效益；合同期满后，由供电公司无偿移交给该农业合作社。另外，该项目因设备增容引起的配套电网建设，由供电公司出资建设；用户内部的配电设施及厂房等硬件设施改造由用户出资建设。

2016年，江苏省农业机械管理局、江苏省财政厅联合下发了《关于调整2016年江苏省农机补贴机具品目范围及补贴额的通知》（苏农机行〔2016〕7号），将热泵热风炉纳入农机补贴范畴，补贴标准为1.6万元/台，有效降低了此类项目的一次性购置成本。

（二）项目实施流程

项目实施流程如图10-29所示。

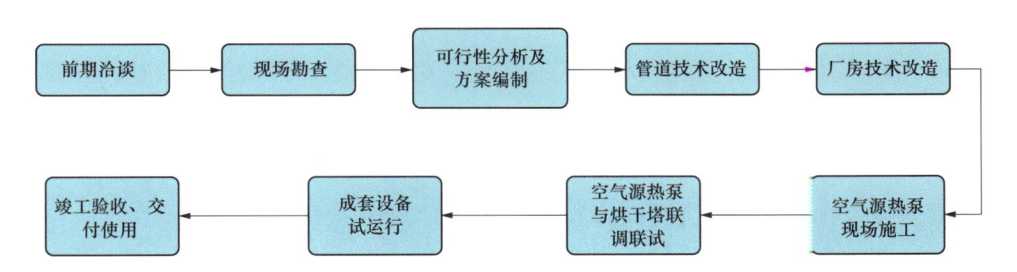

图10-29 项目实施流程

（三）运营模式

该项目日常实际运营主体为农业合作社；设备厂商负责设备的常规维护及修理等售后服务，供电公司对项目进行不定期巡视，以了解粮食烘干的改量及烘干成本，并全力保障相关用电设施的安全。

四、项目效益

（一）经济效益分析

该项目总投资40万元，根据烘干粮食的产量，每年可收益10万元，4年即可收回成本。使用空气源热泵烘干运营成本低，显著降低了企业的用能成本，同时也减少了企业的污染治理成本。此外，该项目用电容量约120kW，因设备增容引起的配套电网建设由供电公司出资，大大减少了用户的电力增容资金投入。项目经济效益分析如图10-30所示。

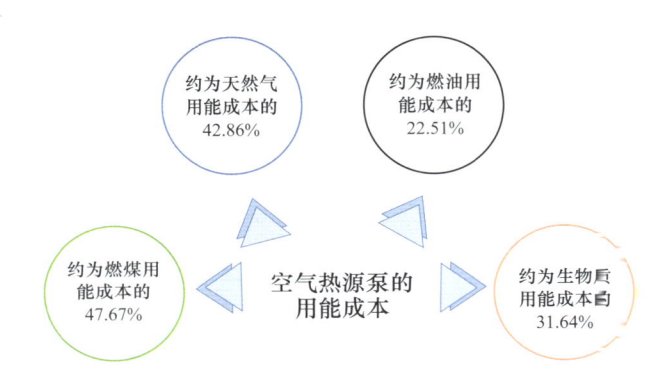

图10-30 项目经济效益分析

（二）社会效益分析

1. 环保效益

空气源热泵粮食电烘干技术实现了污染物零排放，有利于大气污染防治和环境保护。该项目建成后每年可减少 CO_2 排放 27.92t、SO_2 排放 0.84t、NO_x 排放 0.42t。

2. 品质提升效益

空气源热泵烘干技术温度和水分控制精确，粮食干燥比较均匀，谷物爆腰率明显降低，烘干后的粮食食用安全，且品质较高，产品附加值高。空气源热泵烘干设备采用计算机全自动化控制，无需人工24h值守，改善了工作人员的生产环境，且不会排放粉尘、废气等有害物质，不会对周边农村居民的正常生活产生影响。

3. 产业发展及技术标准效益

该项目建成后，国网江苏省电力有限公司联合省环保厅、省经信委、省农机管理局、东南大学等相关政府部门、院校及社会科研机构召开了空气源热泵粮食电烘干技术推广现场会，各政府主管部门对电力公司将空气源热泵技术应用到粮食烘干领域给予了高度肯定，并提出高校、相关热泵厂商及社会科研机构要加强空气源热泵电烘干设施的技术研发，突破现存技术短板，制定行业标准，解决冬季低温下的结霜等问题，进一步提高设备烘干效率，降低农民粮食烘干成本。

4. 安全效益

与传统的燃煤（油）烘干技术相比，空气源热泵技术无燃烧明火，不易产生火灾，安全性能好，大大减少了农村地区火灾等事故的发生率。

5. 示范引领效应

该项目的实施推动了地方政府出台粮食电烘干设施建设的专项补贴政策，对符合条件的空气源热泵烘干设施每台补贴1.6万元，极大地推进了全市粮食电烘干设施的建设进程。

五、推广建议

（一）经验总结

1. 项目主要亮点

（1）电能替代技术。将采暖领域成熟的空气源热泵技术创新拓展到粮食烘干领域，将空气源热泵作为烘干热源，与烘干机配合使用，实现了电能替代领域的创新应用。

（2）商业模式。针对空气源热泵设备一次性购置成本较高的问题，创新采用合同能源管理投资模式，由供电公司进行设备投资，双方共享烘干效益，合同期满后，无偿移交给用户。

（3）机制创新。主动向市政府递交《推广空气源热泵粮食电烘干技术效果显著 进一步推广还需政策配套支持》的专报，得到了市政府主要领导的高度肯定，并推动补贴政策顺利出台。该项目的建设规模符合大多数粮食烘干企业的设备需求和资金承受能力，具备很强的可复制性、可推广性。

2.注意事项及完善建议

（1）空气源热泵粮食电烘干设备初期投资较高，且一般需要增设专用变压器或将原有变压器增容，增加了客户内部受电设施改造成本，建议综合能源服务公司采用合同能源管理、变压器设备租赁等方式参与项目的实施及运营。

（2）由于烘干房内灰尘一般较多，且烘干过程中会产生大量粉尘，空气源热泵热风炉安装地点应尽量与烘干塔分开摆放，并做好除尘工作，避免空气源热泵进气口进灰堵塞，造成设备损坏及效率下降。

（二）推广策略建议

（1）大部分存量用户基本采用燃煤和燃油作为粮食烘干的热源，用户实施电能替代改造的意愿不强。建议生态环境部门将农村燃煤、燃油等高污染粮食烘干设备纳入大气污染防治工作范畴；对新建烘干项目，禁止使用燃煤、燃油作为烘干源；针对已投运烘干项目，统筹规划淘汰计划，鼓励清洁能源替代。

（2）空气源热泵设备制造厂商不多，客户在设备性能、价格、售后等方面没有可比性。建议农机部门择优选取全国优质空气源热泵生产厂商，对设备质量、售后进行监管。

（3）空气源热泵技术在粮食烘干领域的应用还有待进一步优化。建议农机部门积极促成地方烘干机设备厂商、空气源热泵生产厂商、科研机构等开展技术合作，从技术层面上进一步优化除霜、除尘等技术难题，加大科技研发力度，加快设备更新换代，进一步降低生产成本。

案例十二　空气源热泵电烤房应用

一、项目基本情况

某烟草公司成立于2006年，主要从事卷烟、雪茄烟、烟丝及其他烟草制品加工制作。该公司共建设10611处烤房群，共有烤房44700座，大部分烤房为传统燃煤烤房。该公司某县烤房群原有64座传统烤房，全年使用煤炭208t，燃煤费用约为20万元，每年初烤烟叶4000担。

该项目原有燃煤烤房采用砖混结构,热效低、耗能高、人工成本高、污染严重,烘烤质量难以保证。为积极响应"节能减排"号召,该公司与当地供电公司共同投资建设空气源热泵电烤烟房,并作为示范点为大面积实施烤房改造积累经验。

二、技术方案

(一)方案比较

1.烤烟运行成本对比

烤烟运行成本对比见表10-16。

表10-16 烤烟运行成本对比

类型	用电量(kW·h/房)	用煤量(t/房)	人工成本(元/房)	烘干期(昼夜)	烘干成本(元/房)
热泵	1155	0	85	6	720.25
煤炭	185	1	255	7	906.75

注 散煤按市场平均价550元/t计算,电费按0.55元/(kW·h)计算。

热泵烘干成本为720.25元/房,煤炭烘干成本为906.75元/房,热泵可节约成本186.5元/房。

2.烤烟质量对比

烤烟外观质量对比见表10-17。

表10-17 烤烟外观质量对比

烤房类型	颜色	油分	结构	厚度	成熟度	色度
煤炭	柠檬黄	有	疏松	稍薄	尚熟	中
热泵	橘黄色	多	疏松	适中	成熟	强

热泵烤房烤烟叶颜色较深,油分较多,色度强,成熟度高;而煤炭烤房所烤烟叶颜色为柠檬黄,正反面色差较大,成熟度不高。总体来说,热泵烤房所烤烟叶外观质量优于煤炭。

烤烟叶质量对比见表10-18。

表 10-18 烤烟叶质量对比

烤房类型	等级	总糖（%）	还原糖（%）	总氮（%）	烟碱（%）	钾（%）	氯（%）
煤炭	中部叶	14.4	13.32	2	3.23	1.78	0.83
热泵	中部叶	15.52	14.56	1.98	2.9	1.8	0.59

与煤炭烤房相比，热泵烤房烟叶的总糖量和还原糖含量均有所提升，总氮、烟碱、氯含量相对低。由此可以看出，热泵烤烟能有效提升烟叶中的糖含量，降低烟叶中的烟碱和氯含量，从而提升了烟叶的内在品质。

（二）实施方案

该项目利用20台高温空气源热泵代替燃煤锅炉来对鲜烟叶进行烘烤，电烤房每房耗电量约为1155kW·h（单次6天烘烤），减工降本效益明显。热泵遵循"逆卡诺循环"工作原理，通过流动媒体在蒸发器、压缩机、冷凝器和膨胀阀等部件的气相变化循环将低温物体的热量传递到高温物体中去，从而将外部低温环境里的热量转移到烘房中。

三、项目实施及运营

（一）投资模式及项目建设

该烤房群原有传统燃煤烤房64座，由公用变压器（200kV·A）辅助供电。20座传统燃煤烤房改造成空气源热泵烤房后，每个烤房的电力需求由原来的2.2kW上升到16kW。为满足20座电烤烟房的用电需求，该地区供电公司对新增负荷的外部供电设备进行改造，新增一台400kV·A变压器，并对烤房群800m低压线路进行改造，总投资42万余元。该烟草公司负责项目本体改造，购置相应的烘干设备并安装到位。

（二）运营模式

该地区供电公司负责供配电设施运行维护，烟草公司负责烤房的生产运行和指导烟农使用电烤房，并承担相应的电费成本。

（三）项目实施流程

项目实施流程如图10-31所示。

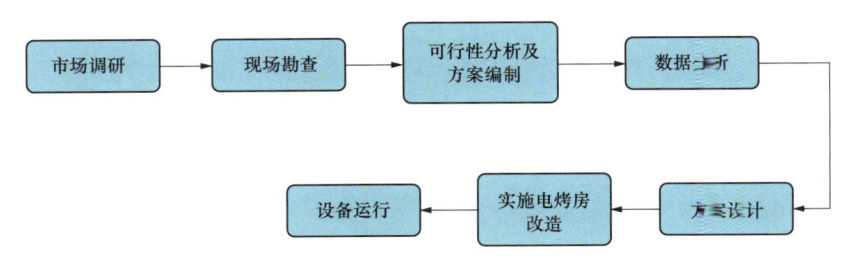

图 10-31 项目实施流程

四、项目效益

（一）经济效益分析

电烤房建成后，烟农每烤一房烟叶能节约成本186.5元，提高了烤烟效率，每年烤烟成本能节省3730元。20座烤房全部实现"以电代煤"改造，预计年替代电量为45万kW·h。

（二）社会效益分析

1. 节能减排效益

电烤房相比传统烤房烤烟每千克能节省0.2kg标准煤，能减少CO_2排放0.499kg。该项目的实施，可节约192t煤炭消耗，减少CO_2排放17t。

2. 提质增效

对于烟草公司，烤房单次烘烤耗电量约为1155kW·h，电费投入成本为635元/炕，人工成本约为85元/炕，可节约人工成本170元/炕，减工降本效益明显。

五、推广建议

（一）经验总结

1. 项目主要亮点

该项目的实施证实了电烤烟在该地区落地推行的可行性，不仅提升了烟叶品质，减轻了烟农的各项成本支出，还有助于大气污染治理，起到了节能减排的示范效益。

2. 注意事项及完善建议

电烤房改造项目涉及的供电设施改造和设备改造费用较高，且烤烟时间集中且短，烘烤设备利用率不高。建议进一步探讨烤房的多功能应用，多渠道开发烘烤产品，同时争取促进政府出台相关电能替代优惠政策，提升企业改造积极性。

（二）推广策略建议

由于烟草种植较为分散，部分烟农集中改造积极性还有待提高，为实现项目的推广，可考虑采取以下几种措施。

（1）在供电可靠性较好、电网运行能力较强的地区配合烟草公司集中部署电烤房，供电公司加强烟叶烘烤季节电网运行支撑保障及应急处置，提升生产保障。

（2）针对烟叶烘烤的季节特点、烤房用电规模、业主配电设施投入情况等，可考虑"一房一策""多房多策"的解决方案，对不同特点的烤房采取"公线专变""公线公变"供电的方式，降低改造成本。

（3）组织相关科研单位研究电烤房综合利用问题，拓展电烤房综合使用价值。

案例十三　电蓄冷冷库技术应用

一、项目基本情况

赤峰市某番茄基地建有4个冷库，项目建设周期为8个月，冷库面积为10万 m^2，主要业务为仓储番茄和番茄打冷。

传统冷库初投资和运行成本都较高，贮藏量有限，食品保鲜效果不如电蓄冷冷库贮藏效果好。该项目电蓄冷技术可以夜间运行，减少项目运行费用，提高电网用电负荷率，减少污染物排放量。

二、技术方案

（一）方案比较

电蓄冷冷库技术能使农产品失水少，颜色鲜艳，外形和味觉等比传统保鲜技术效果好，能使冷库农产品达到冷藏所需温度的时间缩短，冷藏期延长。由于设备运行不需要化霜，既省电又避免了库房温升对库藏产品质量的影响。与传统冷库比，电蓄冷冷库初投资和运行成本都相对较低。

（二）实施方案

该项目采用的是ATC-E蒸发式冷凝器，其配备超低噪声的通风机、易于维护的电动机等设备。蓄冷压缩机组利用氨气蓄冷，可将冷量储存起来，待需要时再把冷能通过一定方式释放出来供冷库中食品贮藏使用。ATC-E蒸发式冷凝器如图10-32所示。

图10-32　ATC-E蒸发式冷凝器

电蓄冷技术是在夜间电价低谷时段，利用低电价制冰蓄冷将冷量储存起来，白天用电高峰时再融化为水，与冷冻机组共同供冷，将所蓄冷量释放以满足空调高峰负荷的需要。该设备具有改造安装简单、节省运行成本、移峰填谷等优点。

三、项目实施及运营

（一）投资模式及项目建设

该公司电蓄冷冷库采用氨气作冷媒进行冲霜，通过盛装氨气蓄冷材料的元件，将冷量储存起来，待需要时再把冷能通过一定方式释放出来供冷库中番茄贮藏使用。电蓄冷冷库属于节能冷库，相比于传统冷库，其采用冷媒冲霜，比电融霜节约电能。

该项目采用螺杆式制冷压缩机，功率为291kW，采用电子元件控制压缩机的油温，省去了油泵机。国产油泵机一般为2.2kW，功率较小，运行费用较高。

（二）运营模式

该项目由用户自主投资，自行运维。

四、经济效益分析

（一）经济效益分析

电蓄冷冷库设备投资费用明显低于普通冷库和空调，用电量较小，不需要变压器、配电柜等电力设施。该项目利用峰谷分时电价，减少运行费用30%~50%。

该设备蓄冰筒盘管均在工厂内进行高压检测，不会泄漏，设备使用寿命长，机组运行效率高，节能效果明显，系统冷量调节灵活，过渡季节可不开或少开制冷主机，减少运行成本。

（二）社会效益分析

电蓄冷冷库充分利用谷段电力，用户投入较低的费用便可保证白天冷库供冷需要。设备噪声小，对周围环境影响小。对比同类企业传统用能设备，该设备运行成本较低，大幅提高了企业市场竞争力。

五、推广建议

（一）项目总结

该项目采用自控元件来自动控制系统的吸、排气压力。自动融霜系统与传统水融霜相比可节约用电10%，传统水融霜需要消耗大量的水和电，而热氨融霜只需要把热氨充入冷库排管即可。冷库冷藏间在过冷区安装前后两道皮门帘，有效控制冷气对流产生的能耗，可以降低出入库冷电耗5%以上。冷库利用压缩机的补气口降温，从而给制冷工质降温，在冷库制冷运用中可节约用电20%。该项目采用冷凝器、高效换热管和计算机自动控制排气压力，可以在保持稳定的状态下，最大限度地减少设备能耗及冷却水消耗。

（二）推广策略建议

电蓄冷冷库适用于制药业、食品加工、奶制品工业、果蔬贮藏等，适用于现有空调系统能力已不能满足负荷需求而需要扩大供冷量的场合。建议在建筑物附近有空地的场合推广电蓄冷冷库技术。

附录 A 国内外相关政策文件

表 A1 部分国家及组织电气化政策

文件名称	国家及组织	发布时间
《全面能源战略》	美国	2014.05
《美国优先能源计划》	美国	2017.01
《推动能源独立和经济增长》行政令	美国	2017.03
《2020财年政府研发预算优先事项》	美国	2018.07
《"国家能源和气候计划"草案》	欧盟	2018.12
《战略能源技术计划（SET-Plan）》	欧盟	2015.09
《"地平线2020"计划（即"第八框架计划"，2014—2020年）》	欧盟	2017.06
《"第九框架计划"，2021—2027年》	欧盟	2018.06
《气候计划》	法国	2017.07
《第七能源研究计划——能源转型创新》	德国	2018.09
《产业战略：建设适应未来的英国》	英国	2017.11
《清洁增长战略》	英国	2017.10
《2030年国家生物经济战略》	英国	2018.12
《能源基本计划》第五期	日本	2018.07
"3E+S"基本方针	日本	2018.07
《氢能基本战略》	日本	2017.12
《核能利用的基本原则》	日本	2017.07
《光伏发电开发战略》	日本	2014.09
《2050年净零排放：全球能源行业路线图》	国际能源署（IEA）	2021.05

表 A2　我国推进电气化相关政策文件

文件名称	发布时间
《关于推进电能替代的指导意见》（发改能源〔2016〕1054号）	2016.05
关于印发《热电联产管理办法》的通知（发改能源〔2016〕617号）	2016.04
《中共中央　国务院关于实施乡村振兴战略的意见》	2018.02
《中共中央　国务院关于坚持农业农村优先发展做好"三农"工作的若干意见》	2019.02
《中共中央　国务院关于抓好"三农"领域重点工作确保如期实现全面小康的意见》	2020.02
《中共中央　国务院全面推进乡村振兴加快农业农村现代化的指导意见》	2021.02

表 A3　各省（区、市）实施乡村电气化相关政策文件

文件名称	发布单位	发布时间
《关于服务乡村振兴战略大力推动乡村电气化的意见》	国家电网有限公司	2019.01
《浙江省委浙江省人民政府关于高质量推进乡村振兴争创农业农村现代化先行省的意见》	浙江省政府	2021.04
《中共山东省委山东省人民政府关于全面推进乡村振兴加快农业农村现代化的实施意见》	山东省政府	2021.01
《2017年北京市农村地区村庄冬季清洁取暖工作方案》	北京市人民政府办公厅	2017.02
《关于本市清洁采暖用电用气价格的通知》	北京市发展和改革委员会	2017.11
《天津市居民冬季清洁取暖工作方案》	天津市人民政府	2017.11
《关于煤改电采暖用电价格有关问题的通知》	天津市发展和改革委员会	2017.10
《河北省人民政府关于加快实施保定廊坊禁煤区电代煤和气代煤的指导意见》	河北省政府办公厅	2016.09
《关于清洁供暖有关价格政策的通知》	河北省发展和改革委员会	2017.10
《推进城乡采暖"煤改电"试点工作实施方案》	山西省人民政府办公厅	2016.04
《关于我省清洁采暖用电价格及有关事项的通知》	山西省发展和改革委员会	2017.11
《加快推进全市电能替代工作实施方案》	山东省发展和改革委员会	2017.06
《关于居民峰谷分时电价政策有关事项的通知》	山东省物价局、山东省经济和信息化委员会	2017.10.31

续表

文件名称	发布单位	发布时间
《河南省电能替代工作实施方案（2016—2020年）》	河南省发展和改革委员会	2016.08
关于转发《国家发展改革委关于印发北方地区清洁供暖价格政策意见的通知》的通知	河南省发展和改革委员会	2017.10
《关于推进电能替代的实施方案》	陕西省发展和改革委员会等八部门	2016.07
《陕西省清洁供暖价格政策实施意见》	陕西省物价局	2017.10
《加快推进电气化新疆工作方案》	新疆维吾尔自治区人民政府	2016.12
《关于我区电供暖项目直接交易输配电价的通知（试行）》	新疆维吾尔自治区发展和改革委员会	2017.10
《甘肃省"十三五"能源发展规划》	甘肃省人民政府办公厅	2017.09
《关于明确清洁能源供暖价格支持政策有关问题的通知》	甘肃省发展和改革委员会	2017.11
《关于开展电能替代工作的实施意见》	宁夏回族自治区发展和改革委员会等11部门	2017.05
《关于我区清洁供暖用电价格有关问题的通知》	宁夏回族自治区物价局	2017.10
《内蒙古自治区"十三五"节能降碳综合工作方案》	内蒙古自治区人民政府	2017.04
《关于蒙东地区清洁供暖电价有关问题的通知》/《关于蒙西地区清洁供暖电价有关问题的通知》	内蒙古自治区发展和改革委员会	2017.12
《关于加快推进"电化辽宁"工作方案》	辽宁省人民政府办公厅	2017.07
《关于煤改电供暖项目到户电价的通知》	辽宁省物价局等3部门	2016.09
《关于推进电能清洁供暖实施意见的通知》	吉林省人民政府办公厅	2017.06
《关于居民电采暖用户试行峰谷分时电价政策》	吉林省物价局办公室	2018.01
《内蒙古自治区党委自治区人民政府关于实施乡村振兴战略的意见》	内蒙古自治区人民政府	2018.02
内蒙古自治区能源局《为实现"碳达峰、碳中和"目标贡献智慧和力量》工作动态	内蒙古自治区能源局	2021.02